班组班前安全生产培训教材

讲案例学安全·电力

金龙哲
曾晓莉　编著

中国劳动社会保障出版社

图书在版编目(CIP)数据

讲案例学安全·电力/金龙哲，曾晓莉编著. —北京：中国劳动社会保障出版社，2010

班组班前安全生产培训教材

ISBN 978-7-5045-8349-9

Ⅰ. 讲… Ⅱ. ①金…②曾… Ⅲ. 电力工业-安全生产-技术培训-教材 Ⅳ. X93

中国版本图书馆 CIP 数据核字(2010)第 071381 号

中国劳动社会保障出版社出版发行

(北京市惠新东街 1 号 邮政编码：100029)

出 版 人：张梦欣

*

北京金明盛印刷有限公司印刷装订 新华书店经销

787 毫米×1092 毫米 32 开本 10.375 印张 205 千字

2010 年 4 月第 1 版 2012 年 2 月第 2 次印刷

定价：26.00 元

读者服务部电话：010-64929211/64921644/84643933

发行部电话：010-64961894

出版社网址：http://www.class.com.cn

内容简介

本书是“班组班前安全生产培训教材”的一个分册。

本书根据电力企业生产的特点，结合电力企业各类生产安全事故的典型案例，在进行事故分析的基础上，较为全面地介绍了电力安全相关的法律法规、知识与技能和管理经验。本书共分发电环节常见事故案例分析、变电环节常见事故案例分析、输电环节常见事故案例分析、配电环节常见事故案例分析、用电环节常见事故案例分析及其他常见事故案例分析六个部分。

本书叙述简明扼要，内容通俗易懂。本书可作为电力企业班组的工作参考书和岗位培训用书，也可作为电力班组安全教育的知识读本。

本书由金龙哲、曾晓莉主编，刘金、潘君、赵丹丹、李莉洁、刘勇、葛军参与编写。

前　言

班组是企业生产最基本的劳动组合，是企业安全工作的落脚点。企业要实现长期稳定的安全生产，必须从班组安全管理和班组作业人员的基本安全素质抓起。通俗地讲，班组安全工作做好了，企业的安全工作一定会成效显著；班组安全生产事故率下降了，必然会带动企业整体安全事故率的下降。

开展班前安全教育学习活动，是班组执行班前会安全生产制度的一项重要内容，也是杜绝“三违”现象，消除事故隐患，减少事故发生的一种积极、行之有效的管理措施。为了避免班组班前会制度流于形式、走过场，我们在充分了解班组安全教育的要求和特点、企业一线从业人员的阅读习惯和认知规律的基础上，特组织编写了这套“班组班前安全生产培训教材”，希望能对班组的安全教育活动起到一定的指导和帮助作用。本套丛书包括《讲案例学安全·交通》《讲案例学安全·煤矿》《讲案例学安全·冶金》《讲案例学安全·电力》《讲案例学安全·化工》《讲案例学安全·建筑》《讲案例学安全·机械》7种书。

本套丛书有以下特点：

1. 学习内容合理分布，适合班组班前会制度培训。考虑到班组培训教育的特点，此套丛书将培训内容进行合理分割，按班组每次班前会一个主题的进度安排内容，每一个主题相对完整，主题之间相对独立，篇幅适当，内容精练，重点突出。

2. 案例警示与知识学习相结合。每一主题都是以一个典型的案例作为导引，引出所需要掌握的“法规标准”“知识与技能”“管理经验”等学习内容。这种新颖的编排形式，不仅可以让从业人员能更直观地与生产实际相联系，通过对案例的讨论与分析，牢固树立起“安全第一”的意识，举一反三，吸取教训；而且能更有针对性地了解相应的法规标准，掌握岗位安全操作技能，及时查找和消除事故隐患，有效地提高安全基本素质，起到事故预防的作用。

编者

2010年2月

目　录

一、发电环节常见事故案例分析

案例精选

某发电公司接地刀闸误操作事故

2006 年 6 月 10 日，某发电公司前夜班接班班前会上，运行当值值长周某某根据发电部布置，安排 1＃机组人员本班恢复化学水处理系统 6 kVA 段为正常运行方式（将化学水 6 kV 母线 A、B 段分别由公用 6 kVA、B 段代替）。接班后，1＃机组长侯某某分配副值李某某从电脑中调取发电部传给的操作票，做操作准备，但未找到对应操作的标准操作票，侯某某又查找，也没查到，调出了几张相关的系统图并进行打印。

19 时 40 分，侯某某与李某某向值长报告后，（值长同意但没有签发操作票）便带着化学水处理系统图前往现场操作。侯某某、李某某二人首先到公用 6 kV 配电间，检查公用 6 kVA 段至化学水处理系统 6 kVA 段 LOBCA05 开关，在间隔外从电源柜后用手电察看接地刀闸，认为在断开位（实际接地刀闸在合位，前侧接地刀机械位置指示器指示在合位，二人均未到前侧检查）。随后，侯某某、李某某二人到化学水处理系统 6 kV 配电间，经对 6 kVA 段工作电源进线刀闸车外观进行检查后，由侯某某将刀闸车推入试验位置，关上柜门，手摇刀闸车至工作位置，摇动过程中进线刀闸发生“放炮”。

刀闸放炮后，引起厂前区变、输煤变、卸煤变、输煤除尘变低压开关跳闸，但未对运行机组造成不良影响。至22时10分，运行人员将掉闸的变压器和化学水6 kVB段母线恢复送电，系统恢复运行。

化学处理系统6 kVA段工作电源进线刀闸因“放炮”造成损坏，观察孔玻璃破碎，解体检查发现刀闸小车插头及插座严重烧损。

刀闸放炮弧光从观察孔喷出，造成操作人侯某某背部及右手、大臂外侧被电弧烧伤，烧伤面积12%，其中3度烧伤约4%。

事故分析

造成这起事故的原因如下：

1. 执行本次电气操作没有使用电气操作票。侯某某、李某某二人执行本次电气操作，因没有从电脑中查到相应的标准操作票（发电部以前下发的），也没有填写手写操作票，操作前仅打印了几张相关的电气系统图，在图纸背面写了几步操作程序。事后检查发现，计划操作步骤非常不完善，且有次序错误。实际执行操作时，也没有执行自己草拟的操作步骤。侯某某、李某某二人去执行电气操作任务，操作人和监护人分工不明确，执行过程中对各操作步骤未执行唱票、复诵、操作、回令的步骤，未能发挥操作人、监护人的作

用；自行草拟的操作步骤次序混乱，不符合基本操作原则。因此，运行人员未使用操作票进行电气操作是本次事故的主要原因。

2. 侯某某、李某某二人执行本次电气操作任务前，不仅没有编写操作票，也未进行预演；在检查 LOBCA05 开关接地刀的位置时从盘后观察孔进行察看不易看清，柜前的位置指示器有明显的指示没查看，检查设备不认真；设备系统长时间停运，恢复前未进行绝缘测量，严重违反电气操作的基本程序。

化学水处理系统 6 kV 的 A 段母线通过联络开关处于带电状态，其进口电源开关和刀闸断开，电源开关接地刀在合位（检修状态），在恢复系统的过程中，因操作次序错误，在操作 LOBCE01 从试验位置推入到工作位置的过程中，发生短路放炮。因此，操作人员对所操作的系统状态了解不清、操作次序错误是事故的直接原因。

3. 运行岗位安全生产责任制落实严重不到位。机组长执行电气操作不开票、不进行危险点分析，严重违反《电业安全工作规程》和“两票”的规定，值长作为当值安全生产第一责任者，对本职操作监管不到位，自己安排的电气操作，没有签发操作票便同意到现场执行操作，因认为侯某某是本值电气运行资历最深的人员，用信任代替了规章制度和工作标准，安全意识淡薄，使无票操作行为得以延续。值长对电气操作使用操作票认识不足，对操作前没有进行模拟预演未引起重视，未起到有效的保证作用，也是造成本次事故的主要原因之一。

4. 辅控系统五防闭锁装置不完善，刀闸没有机械防误闭锁装置，拟改进的辅控微机五防装置尚未实施，不能达到本质安全的条件，不能满足五防要求，未实现系统性防止误操作。

 法规标准

《电业安全工作规程》关于电气工作票的规定

《电业安全工作规程》（发电厂和变电所电气部分）第35条规定："在电气设备上工作，应填用工作票或按命令执行。"

第37条规定："填用第二种工作票的工作为：

一、带电作业和在带电设备外壳上的工作；

二、控制盘和低压配电盘、配电箱、电源干线上的工作；

三、二次接线回路上的工作，无须将高压设备停电者；

四、转动中的发电机、同期调相机的励磁回路或高压电动机转子电阻回路上的工作；

五、非当值值班人员用绝缘棒和电压互感器定相或用钳形电流表测量高压回路的电流。"

 知识与技能

发电厂、变电站内检修"十步法"

1. 签发工作票

工作票由有签发权的人签发，一式两份，要按照规程规

定格式，全面填写，无问题后交给工作负责人办理。

2. 明确任务

工作负责人接到工作票，要认真检查工作成员、时间、任务、内容、地点填写的是否明确，安全措施填写是否完备、可靠等事项，如有问题立即向工作票签发人提出整改。

3. 落实安全措施

工作负责人将工作票一式两份交给运行值班员，由值班员根据工作票所列的安全措施逐一落实，同时要将补充的安全措施一并落实。

4. 填写工作票

运行值班员根据实际情况所采取的安全措施以及补充的安全措施，认真填写工作票，由值班组长逐项审核是否有漏项，是否与实际相符。

5. 审核工作票

值班员将工作票内容逐项通过电话向调度汇报，调度员要认真审核是否安全、可靠，确保检修人员的安全。

6. 工作票许可

值班员（工作许可人）会同工作负责人到工作地点，详细向工作负责人交代所采取的安全措施、停电设备、停电范围、工作范围及注意事项等，并用手触摸要检修的设备确已无电。工作负责人如对工作许可人所采取的安全措施无异议，双方在工作票上签字，由工作许可人填写许可开始时间，工作票交给工作负责人一张，专责监护人一张。

7. 交代安全措施

工作负责人组织检修班全体成员列队站好，宣读工作票的全部内容，并逐一交代安全措施、停电设备、停电范围、工作范围、检修设备及注意事项等，工作班人员如果没有异议，工作负责人宣布检修工作开始。

8. 工作监护

工作负责人是规程规定的工作监护人，在工作全过程中监护人要始终在工作现场认真监护，看住每名成员的工作范围，发现不安全因素及时制止，有事与工作许可人联系。

9. 工作间断

工作任务如果当天未完，工作负责人把手中的工作票交回工作许可人，工作许可人把两张工作票放在一起交接班，第二天工作负责人到许可人那里将自己那份取回来，会同工作许可人到工作地点，检查安全措施是否有变化，并得到工作许可人的允许，方可开始检修工作。

10. 工作票终结

工作任务完成后，全体检修人员认真打扫现场，清点工具，自检合格，全体成员撤离现场，由工作负责人请工作许可人对检修设备、现场环境等按标准进行质量验收。如没有异议（大修项目或特殊项目要请技术人员及有关领导验收），双方在工作票终结栏签字，由工作许可人填写工作票结束时间，一份工作票由工作负责人留存，另一份由工作许可人留存，并向调度室汇报。

管理经验

电力安全生产岗位职责的要求

1. 电力安全生产人人有责

关于“安全生产，人人有责”的原则，《安全生产法》总则第 6 条规定：“生产经营单位的从业人员有依法获得安全生产保障的权利，并应当依法履行安全生产方面的义务。”

关于“安全生产，人人有责”的原则，原电力部领导也有论述，要求“各单位每一级的领导，各个部门，直到车间、班组和每个岗位的工人，都要落实安全生产责任；做到层层把关、分兵把守，构筑起一道安全生产的铜墙铁壁。”这就是“安全生产，人人有责”，也是安全生产保证体系的内涵。它明确了在一个单位内，安全生产保证体系的组成是全体员工；要落实安全生产责任，领导和管理人员就要做到层层把关，每个岗位的作业人员就要做到分兵把守，这样才可构筑起保证安全生产的壁垒。

2. 电力安全生产责任应是明确的、可操作的岗位安全职责

电力安全生产责任是每个员工为实现电力安全生产目标应尽的法定责任。国电公司为了在系统内落实好级级有责和人人有责的安全生产责任，通过制定《安全生产工作规定》《安全生产监督规定》《安全生产工作奖惩规定》等一系列文件，对落实电力安全生产责任加以制度化规定。

《安全生产工作规定》第 18 条，明确了“各部门、各岗位应有明确的安全职责，做到责任分担，并实行下级对上级的安全生产逐级负责制”。在附则中要求分公司、集团公司、省公司，结合各自具体情况，制定省系统内电力生产、建设中安全工作的实施细则，并对各部门、各岗位的安全职责作出具体的规定。要使每个岗位的领导、管理人员、作业人员

的安全生产责任成为可操作的岗位安全职责。

3. 通过“三级控制”将岗位的安全职责落到实处

《安全生产工作规定》第12条，明确了电力企业要“实行安全生产目标三级控制”，对企业、车间（含工区、工地）、班组每一级的控制责任和本级的安全生产目标作出了详细的规定，这是每一级员工必须遵守的行为规则。实践证明，写在纸上的岗位安全职责，只有通过“三级控制”中每一级控制工作的落实，把各项预防事故的控制工作做严、做细、做实，才能落到实处。反之，安全职责就只能是表面文章，安全工作就会有漏洞、有死角，就容易发生事故，相关责任人和领导者还会受到事故责任的追究和处罚。

案例精选

带电水冲洗不当导致停电事故

2008年3月9日，某供电公司线路工区带电班执行电气第2种工作票，工作内容：110 kV市北变电所10 kV母线，10 kV母线上所有设备，1，2号主变及穿墙套管带电水冲洗。计划工作时间：2008年3月9日10时至20时。

14时08分，工作人员带电水冲洗作业至110 kV北热线开关时，此时靠母线侧A相羊角上端支柱瓷瓶上端的瓷裙突然发生拉弧、放电炸裂。造成整个地区4个110 kV变电站失压，3个35 kV变电站失压，致使该地区110 kV系统的内、外环网解环时间长达1 h，大面积停电达半小时，同时使4个发电厂受到不同程度影响，共有2台锅炉灭火，3台发电机跳闸。

事故分析

经过调查分析，此次瓷瓶拉弧炸裂的直接原因是110 kV北热线开关A相瓷瓶本身有裂纹，带电水冲洗导致绝缘值降低，造成拉弧、放电炸裂。

《电业安全工作规程》明确规定在带电水冲洗前应对设备进行检查，绝缘设备的绝缘值较低或有裂纹时不允许冲洗。可是工作人员在工作前没有向运行人员了解设备情况，也没有进行全面检查，盲目地进行带电水冲洗。

在带电水冲洗的技术问题上，也没有严格按《电业安全工作规程》要求去做。《电业安全工作规程》中规定："在带电水冲洗时，还要掌握绝缘子的脏污情况，并应防止被冲洗设备表面出现污水线。当被冲洗绝缘子未冲洗干净时，严禁中断冲洗，以免造成闪络。"此变电站靠近公路、农田以及化工厂，空气环境非常不好，瓷瓶很脏，而操作人员却没有掌握好操作要领，致使本来就有隐患的设备发生污闪，导致炸裂。

事故的另一个原因是组织措施不到位。带电水冲洗是一项特殊的带电工作，而工作人员在工作前除了没有对设备进行全面了解和检查之外，也没有做好有针对性的事故预防措施或制定出应急预案，致使事故发生后不能在短时间内恢复送电，扩大事故范围。

 法规标准

《电业安全工作规程》关于带电水冲洗的规定

《电业安全工作规程》（发电厂和变电所电气部分）第127条规定："带电水冲洗作业前应掌握绝缘子的脏污情况，当盐密值大于临界盐密值的规定时，一般不宜进行水冲洗，否则，应增大水电阻率来补救。避雷器及密封不良的设备不宜进行带电水冲洗。"

第133条规定："带电水冲洗应注意选择合适的冲洗方法。直径较大的绝缘子宜采用双枪跟踪法或其他方法，并应防止被冲洗设备表面出现污水线。当被冲绝缘子未冲洗干净时，水枪切勿强行离开，以免造成闪络。"

第134条规定："带电水冲洗前要确知设备绝缘是否良好。有零值及低值的绝缘子及瓷质有裂纹时，一般不可冲洗。"

 知识与技能

带电水冲洗的注意事项

1. 带电水冲洗一般应在良好天气进行。风力大于4级，气温低于零下3℃，雨天、雪天、雾天及雷电天气都不宜进行。

带电水冲洗对天气有一定要求，当风力大于4级时，冲洗水线在脏污处飞溅比较厉害，污水在瓷裙沟里不宜迅速下流。特别是北方沙尘大的地方，不等瓷绝缘子干燥，沙尘可

能又已落上了，形成脏污。当气温低于零下 3℃时，水对脏污的溶解力已弱，绝缘子上脏污易固化，影响冲洗效果，甚至无法工作。在雨天和落雾天气，不仅设备绝缘明显下降，易发生对地闪络，而且给冲洗用绝缘工具的安全防护也带来困难。在雷电天气，若设备上落雷或者雷电行波传入，火雷电感应过电压，则对设备及作业都将带来危害。

2. 带电水冲洗作业前，应掌握绝缘子的脏污情况，当盐密度大于临界盐密度时，一般不宜进行水冲洗，否则，应增大水电阻率来补救。避雷器及密封不良的设备，不宜进行水冲洗。

污秽强度称盐密度，即受外部环境污染而附着在电气设备绝缘表面每单位面积上的烟灰、水泥尘埃及化学物质等污物的质量数，用以衡量绝缘的脏污程度，单位为 mg/cm^2。

电力生产实践表明，污秽强度对污闪电压的影响比较大。绝缘子表面每单位面积上的污秽量越大，其表面的导电也越大，发生污闪的危险性也越大。作业时必须切实保证人身和设备安全，要求作业过程中出现操作过电压时，分布在水粒、水管和操作杆上的电压不致对人身构成威胁，同时测量操作人员操作握柄处的泄漏电流不超过 1 mA。在这样的前提下，进行水冲洗，当绝缘子按普通型和防污型区分，且两类爬电比距均为定值时，冲洗用水的电阻率必然随着绝缘子盐密度的增加而相应地增加。

临界盐密度是指当爬电比距一定，泄漏电流按规定不超过 1 mA，水电阻分别为不同值时所能允许的最大的盐密度。进行带电水冲洗作业前，应掌握绝缘子的污秽情况，从水枪出口处取水样测量水的电阻率，如果水的电阻率达不到规定值，应设法增大所用水的电阻率，否则泄漏电流可能超过标准。

电力设备的清洗与防腐

完好的电力设备是电网安全运行的物质基础和重要保证。电力设备在长期的运行中，需要经常维修和保养，如对电力设备进行清洗和防腐，以延长它的使用寿命和保证其完好水平。

1. 电力设施（设备）的清洗

大量的电力设施（设备）暴露在户外，受污秽环境和大气的影响，电力绝缘子表面严重污秽，金属构架表面腐蚀生锈，高压注油设备渗漏，轻则影响企业的文明生产，重则影响生产安全。所以，必须对暴露在户外的电力设施（设备）进行清洗，让其恢复正常的面貌。

（1）高压绝缘子表面的清洗

电力设施（设备）的清洗，主要是对裸露在户外的部件表面进行清洗（防护），其方法是定期进行清洗和涂有机硅涂料。

清洗的方法有水冲洗和化学清洗。水冲洗绝缘子表面污秽，安全性受到较大限制（带电清洗的情况），受水电阻、瓷表面盐密度及绝缘子的绝缘状况等因素的影响，因此带电水冲洗的清洗方式受到一定的限制。

化学清洗的安全性和效果都比水冲洗好得多，特别是对跨世纪的超高压大电网，更需要定期对电力设备电瓷表面进

行清洗，以保持高压电瓷表面的清洁，防止污闪事故的发生。

如果不定期进行化学清洗，就要在清洗干净的电瓷表面涂上一层常效有机硅涂料，当达到一定时间（3 年左右），涂料吸收污秽的能力达到饱和状态后，就失去了它的防污能力，就需要及时停电把它擦掉，重新再涂上一层涂料。这种方式的缺点是需要停电，且瓷表面看起来没有光泽。

（2）开关柜和二次线端子排的清洗

开关柜和二次线端子排虽然是装在室内，运行时间长了也有污秽清洗的问题，这些设备是不能停电的，只能在运行中清洗。用电器机械清洗剂来清洗这些设备污秽效果很好，而且也安全可靠。通过清洗剂的冲洗，表面污秽将一扫而光，接点接触良好了，而且通过这种化学清洗还会发现接触不良发热的缺陷。清洗剂的燃点在 500℃以下，不会燃烧起火，所以完全可以在载流的设备接头进行清洗。

（3）带油设备及套管的清洗

要创一流电网，电力设备就要消灭油的渗漏及其表面的油污，用清洗剂去清洗并用特殊的黏结剂进行堵漏，就可达到清洗的目的。

2. 电力设施（设备）的防腐

（1）导体及接头的防腐。裸露在外面的载流导体接头，应涂上一层 0.5 mm 厚的电力复合脂，这种复合脂可根据载流体的相序涂上红、绿、黄不同颜色。涂上复合脂具有 3 种作用：①有降低接触电阻的作用；②对导体或接头表面有抗氧化的功能；③对于载流接头的接缝有密封防腐蚀的功能。

所以建议对导体，特别是载流接头要涂上电力复合脂；对电气化的机车接触网，全线都应进行涂敷包装。涂敷时要注意涂敷的部位不同，使用电力复合脂的型号也不同。

（2）电力接地网的防腐。电力接地网是电网安全运行的重要装置。由于接地网腐蚀严重，接地网及引线损坏，发生过大量事故，据广东、广西、湖北、天津、江苏、安徽、四川等地调查，一般接地网 10 年腐烂，快的 3～4 年已腐烂。接地网大多用低碳钢材料埋入土壤中，其腐蚀与土壤电阻率有关，电阻率低于 100 Ω/cm 时，每年腐蚀率大于 1 mm；电阻率在 100～1 000 Ω/cm 时，年腐蚀率在 0.2～1 mm；电阻率在 1 000～6 000 Ω/cm 时，年腐蚀率在 0.05～0.2 mm。为解决接地网腐蚀损坏较快问题，用铜代铁太贵，加大钢材截面投资也大，又耐用不了几年。但在接地网的扁铁上涂上一层双组分导电防腐涂料，就可达到防腐和导电两重效果，涂料用量为接地网材料总量的 2%～3%，每吨接地钢材约需涂料 5 000 元，比接地网增加钢材截面要节约投资 20%，且寿命可延长 1 倍。

（3）电力设备金属构架的防腐。交流设备用红、绿、蓝 3 种颜色来代表 A、B、C 三相。一是涂上相序色，看起来显眼，另外不同的设备外壳应涂上不同的色彩防腐。

（4）导电母排及引线的防腐。对裸露在外面的导电母排及引线必须进行防腐，以防止污秽及化学腐蚀，防止小动物造成短路事故。

对裸露在外面的导电母排及引线有两种包装方法：

一是，在导电母排和引线表面涂上一层耐高压的绝缘涂

料，可起到一定的绝缘作用，可防止小动物造成的短路事故。二是，在导电母排和引线外包一个绝缘套，把导电体全包起来，具有较高的绝缘水平，绝缘套的尺寸及厚度，可根据导电体的尺寸决定，颜色按红、绿、黄三色配置。这两项措施特别是第2项措施已广泛应用在电网的配电设备上。

(5) 电缆防腐。电缆应进行防火措施的防腐，在竖井中的电缆应涂上有机涂料（白色），涂敷厚度应大于1.0 mm。在电缆沟和弯道穿孔处，还应进行封堵，包括在一定距离作好防火堵墙，以确保电缆万一发生火灾时不会蔓延，把火灾控制在一定的范围内。

3. 电力设备的清洗和防腐

电力设备的清洗和防腐就像对电力设备进行“美容”和“包装”，不光是为了美观，更重要的是为了安全和延长使用寿命。一个变电站设备不定期投入一定费用进行“美容”和“包装”，如果发生事故，那将是几百倍和上千倍的经济损失，而定期投入很少一点美容包装费，可以保证设备安全运行，一切投入都会在短时间内得到回报。

案例精选

执行工作票不认真致高压加热器烫伤事故

2004年5月6日，某电厂2号机5号高压加热器（以下简称“高加”）铜管泄漏停运。根据检漏工作票，2号机值班员对5号高加进行检查，并将汽、水侧电动阀门手动关闭，全开汽侧危急疏水阀门、放水阀门及向空排气阀门，检查汽、水侧压力表已回零。运行班长忙于1号机消缺，没有对2号机5号高加的隔离、消压、放水措施进行认真考虑和检查，就许可开工。

检修工作负责人会同运行人员进行现场检查后，带领工作人员开始揭盖工作。当拆卸密封座的四合环最后一块，用铜棒敲震密封座时，加热器内所存热水突然将密封座顶起，喷出的汽、水将站在密封座上及筒体边缘的4名工作人员烫伤，同时烫伤了配合工作的另外3人，造成1人重伤（Ⅱ度烫伤，面积达85%），6人轻伤。

事故分析

本事故是由于工作人员执行工作票不认真造成的。工作许可人对5号高加水侧根本没有进行放水、消压，安全措施不完善就许可开工，工作负责人对此没有提出任何疑义。水侧装设的是1.5级大量程压力表，当压力低于5号高加表压时表针即可指示回零，这一问题没有引起工作许可人和工作负责人应有的注意。高加停用时间短，温度较高，残留热水汽化问题没有引起注意。在工作开始前，工作负责人未向工作班人员交代安全措施的布置情况和安全注意事项，更没有进行危险点分析。现场的车间领导到岗未到位，没有检查、监督安全措施的布置和许可工作手续的有效进行，没有起到跟踪把关的作用。

法规标准

《电业安全工作规程》关于工作票操作的规定

《电业安全工作规程》（发电厂和变电所电气部分）中第181条规定："发电厂主要机组（锅炉、汽轮机、发电机）停运检修，只需第一天办理开工手续，以后每天开工时，应由工作负责人检查现场，核对安全措施。检修期间工作票始终由工作负责人保存。工作全部结束，再办理工作票结束手续。在同一机组的几个电动机上依次工作时，可填用一张工作票。"

知识与技能

烧伤（烫伤）急救

1. 烧烫伤深度判断（三度四分法）

Ⅰ度：又称红斑烧伤，皮肤有轻度红肿，热痛明显，不起水疱，感觉过敏，表皮干燥，几天后症状消失。

浅Ⅱ度：又称水疱性烧伤，感觉过敏，有水疱，基底潮湿，水肿明显，一般两周后可愈合。

深Ⅱ度：可以有或无水疱，如果撕去浮起表皮，可见基底湿润、苍白、或者白中透红，有小出血点，感觉迟钝，一般3～4周愈合，可遗留瘢痕。

Ⅲ度烧伤：又称焦痂烧伤，皮肤呈皮革样、腊白、焦黄或炭化，感觉消失，无水疱、干燥，3～5周焦痂自行脱落，形成肉芽组织，需要植皮治疗。

2. 处理小烧烫伤

可用肥皂水及清水将创面周围皮肤清洗干净，然后以生理盐水冲洗创面，纱布轻轻蘸拭。浅Ⅱ度烧伤，水疱皮可不去除，小水疱不必处理，较大水疱可经酒精或新洁尔灭消毒后，在大水疱的低垂处剪一至数个小口引流。

3. 烧烫伤现场急救注意事项

首先，创面可不做特殊处理，使用消毒敷料或洁净布料简单包扎送医院治疗；创面不应涂红汞等有色药物。其次，对于中小面积的四肢创面可采用冷水疗法，即在烧伤或清创后即刻用清洁冷水冲洗 30～60 min，然后简单包扎，送医院处理，水温越低越好。冷水疗法只限于面积小于 20％Ⅱ度创面；四肢创面可浸泡，躯干、头部可采用淋浴；一般不必清创；如果污染严重，应同时进行清创。最后，对于Ⅲ度烧伤应立即联系医院送往医院处理，注意防止摩擦、撕开烧伤部位。

管理经验

防止高压加热器输水管道泄漏的有关措施

1. 在高加疏水管道弯头及阀门等流向突变处加大疏水管壁厚，由设计时的 5～6 mm 加大到 10 mm，以增加管道的强度和耐冲刷性能，延长该段管道的使用寿命。同时选择耐冲刷能力较强的管材，以改善和提高管道的耐冲刷能力。

2. 在疏水管道上，将原设计的 90°普通弯头，改为曲率半径较大的弯头，以减轻疏水对管道拐弯处的冲击和冲刷作用。

3. 在计划停机检修期间，对疏水管道，特别是弯头等处的管壁厚度进行检测，并建立疏水管道壁厚档案。对壁厚小于 3 mm 的部分，进行计划更换，做到防患于未然。

案例精选

电厂重油罐闷爆引发火灾事故

某电厂在某日上午 10 时 10 分启动污油泵，将地下油坑的油抽至 2 号重油罐，从上至下落差较大，在 2 号重油罐内引起较大扰动，使罐内油漂（用铁皮制成）在油中摆动或滚动，产生静电。油漂结集了静电荷，与罐内壁或其他部件（如：进油管、污油管等）相碰撞而产生火花，发生似防爆门的破裂声，经 2 s 左右，发生较大的闷爆声，引发大火。事发后，约 2 min 该厂两辆消防车到达出事地点，对 2 号重油罐喷水灭火。随后，外单位的消防车共六辆先后到厂进行灭火。由于消防力量较强，消防水压力充足，现场消火指挥得当，于当天 11 时，2 号重油罐的烟雾全部消火。该事故造成直接经济损失 29 967 元。

事故分析

事故后经查，2 号重油罐罐体变形，罐顶开裂、塌斜，基础完好。此罐直径为 12 m，高 10 m，壁厚 6 mm，容积为 1 130 m^3。事故后罐存油往地下油坑放了部分重油，约 112 t，往煤场空地回收 20.4 t。调查组认为，油罐设计不完善，未考虑油漂防静电的安全措施，在 19 年的运行中，也未发现这一设计遗留的隐患。此次事故定性为：一般火灾事故。

法规标准

《电力设备典型消防规程》有关动火的规定

《电力设备典型消防规程》中关于动火的规定主要有：

第3.0.1条规定："防火重点部位是指火灾危险性大、发生火灾损失大、伤亡大、影响大（以下简称'四大'）的部位和场所，一般指燃料油罐区、控制室、调度室、通信机房、计算机房、档案室、锅炉燃油及制粉系统、汽轮机油系统、氢气系统及制氢站、变压器、电缆间及隧道、蓄电池室、易燃易爆物品存放场所以及各单位主管认定的其他部位和场所。"

第3.0.2条规定："防火重点部位或场所应建立岗位防火责任制、消防管理制度和落实消防措施，并制定本部门或场所的灭火方案，做到定点、定人、定任务。防水重点部位或场所应有明显标志，并在指定的地方悬挂特定的牌子，其主要内容是：防火重点部位或场所的名称及防火责任人。"

第3.0.3条规定："防火重点部位或场所应建立防火检查制度。防火检查制度应规定检查形式、内容、项目、周期和检查人。防火检查应有组织、有计划，对检查结果应有记录，对发现的火险隐患应立案并限期整改。"

第3.0.4条规定："防火重点部位或场所以及禁止明火区如需动火工作时，必须执行动火工作票制度。"

知识与技能

油罐区内油罐壁间的防火距离及与周围建筑的距离

油区内油罐壁间的防火距离

	地上式	半地下式	地下式
易燃油（闪点 45℃以下）	D	0.75D	0.5D
可燃油（闪点 45℃以上）	0.75D	0.5D	0.4D

注 1：D 为两相邻油罐中较大的油罐直径（m）。

注 2：不同性质的燃油，不同形式油罐之间的防火间距，应采用上列数值中的较大值。

注 3：浮顶油罐之间或闪点大于 120℃的可燃油罐之间的防火间距，可按上列数据的规定减小 25%。

注 4：直径大于 30 m 的地下易燃油罐之间的防火间距为 15 m；直径大于 25 m 的地下可燃油罐之间的防火间距为 10 m。

易燃油、可燃油的储罐与周围建筑物的防火间距

名称	一个油罐区的总储量（m^3）	防火间距（m）耐火等级 一、二级	三级	四级
易燃油	1～50	12	15	20
	51～200	15	20	25
	201～1 000	20	25	30
	1 001～5 000	25	30	40
可燃油	5～250	12	15	20
	251～1 000	15	20	25
	1 001～5 000	20	25	30
	500～25 000	25	30	40

注 1：防火间距应从距建筑物最近的储罐外壁算起，但防火堤外侧基脚线至建筑物的距离不应小于 10 m。

注 2：浮顶油罐或闪点大于 120℃的可燃油罐与建筑物的防火间距，可按表中的规定减小 25%。

注 3：一个单位如有几个储罐区时，储罐区之间的防火间距不应小于表中相应储量四级建筑的较大值。

防止油罐带静电的措施

1. 防止爆炸性气体的形成

在爆炸和火灾危险场所，采用通风装置加强通风，及时排出爆炸性气体，使爆炸性气体的浓度不在爆炸范围内，防止静电火花引起爆炸。同时，由于爆炸浓度范围还与温度密切相关，因此应把温度控制在爆炸温度范围之外。对于油面空间不能采用正压通风的办法来防止爆炸性混合气体的形成，可采用惰性气体（如氮气）覆盖的方法，或采用浮顶罐、内浮顶罐的办法。

2. 加速静电泄漏，防止或减少静电积聚。

（1）静电接地和跨接，目的是为了导走或消除导体上的静电，将设备与大地造成一个等电位体，不致因静电电位差造成火花放电而引起危害。当有杂散电流时，管线跨接提供了一个良好的通路，以免在断路处发生火花而造成故障。（2）添加抗静电剂，既可增加油品的导电率、加速静电泄漏和导出，又可减少油品中积聚的电荷并降低油品的电位。（3）设置静电缓和器（中和器），它所产生的电子和离子与带电体上相反符号的电荷中和，从而消除静电危险。

3. 防止操作人员带电

经常在油泵房、灌发油间行走及从事装卸作业的人员，应避免穿着化纤服装，最好穿着棉织品内外衣和穿防静电鞋。

案例精选

放冷油器余油未采取措施致管道自燃着火

2003 年 2 月 7 日，某电厂汽轮机值班员在交接班巡检中发现 1 号给水泵前置泵出水管地沟冒浓烟并伴有火苗蹿出，立即用灭火器灭火。恢复正常后揭开沟盖板检查，发现该地沟内积有油水，前置泵出水管的下半截浸在油水中，布置于管道上面的 1 号给泵事故按钮电缆线绝缘烧损，前置泵出口流量计的一电缆线也部分烧损。从事故表象看，1 号给水泵未发生直流系统短路造成的发变组出口保护动作，因此可以排除由于电缆短路引起地沟着火。

事故分析

经调查，在此前半月的停炉消缺期间，汽机检修队某班进行 1 号给泵润滑油冷油器找漏工作，在放冷油器余油时，未采取有效措施，造成一定数量的余油漏入 1 号给泵前置泵地沟内。1 号给泵前置泵出水管从该地沟穿过，进入 1 号给泵入口，由于开、停机时泵及冷油器排空门、放水门排水至该地沟，使沟内长期存有一定积水，加之检修放油未及时回收，漏入沟道使沟内积油水，造成沟道内的前置泵出水管管道保温吸油。管道内介质温度为 160℃左右，管道保温在高温和沟道内游离油分子及其他化学物质的作用下，发生自燃着火，引燃沟道内置于管道上方的电缆线，造成 1 号给泵就地事故按钮电缆和前置泵出口流量计电缆烧损。

法规标准

《电力设备典型消防规程》对废油处置的有关规定

《电力设备典型消防规程》中第四部分的有关规定：

“4.0.1.9　充油、储油设备不应渗、漏油。油管道连接应牢固严密，严禁使用塑料垫和橡胶垫。在高温附近的法兰盘或接头处，应装金属罩壳。热管道保温层应完整，当油渗入保温层时应及时处理。油管道附近的热管应包铁皮。油管道应尽量不布置在高温蒸汽管道上方。

4.0.1.10　排水沟、电缆沟、管沟等沟坑内不应有积油。

……

4.0.1.13　各类废油应倒入指定的容器内，严禁随意倾倒。”

知识与技能

废油的处理方法

发电厂是最大的废油来源地。油液泄漏和溢出时处理方法有：

1. 采取措施防止废油泄漏和溢出。妥善保管机器、设备、容器和油箱，而且在运输期间谨慎小心。现场要备有吸附剂。

2. 如果发生泄漏和溢出，要从源头阻断。如果不能阻断容器或油箱的泄漏，就要把废油转放到好的容器或油

箱里。

3. 控制溢出来的废油。通过撒吸附剂在溢出来的废油上面或周围区域来控制。

4. 在废油溢出之前，最好清理和回收再利用废油。如果回收再利用不可能，首先要确定该废油是否属于危险废物，再进行恰当处理。所有用过的清理物，不管是破布还是吸附剂，只要浸有废油必须依据废油管理标准处理掉。

5. 立即转移、修理或者更换有问题的油箱或者容器。

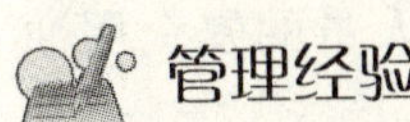

管理经验

火电厂废油管理的对策与防范措施

长期以来，火电厂由于对生产现场的废油处理与回收缺乏足够重视，往往使废油进入下水沟道和电缆沟道内，极易导致环境污染和火灾事故，后果极其严重，必须加以避免和防范。

1. 对厂内的废油源进行清理、普查，并建立定期检查、清理制度。重点检查地沟、电缆沟、重油库集油井、废油井、事故油池等，并完善管道保温，对浸油的管道保温一经发现，立即更换。

2. 运行人员应加强设备的运行维护，经常检查各油箱油位和阀门是否正常，补、排油操作时要防止漏油和溢油，杜绝油系统设备的跑、冒、滴、漏现象。发现地面积油必须用棉纱擦干，严禁用水冲入地沟。

3. 检修人员在检修设备需放余油时，应采取措施对余油进行回收，避免废油进入附近下水沟道及电缆沟道，防止发生火灾事故和环境污染。

4. 油处理班在处理各类油品时，要严格按规程操作，严禁跑油、漏油并做好废油收集工作。

5. 燃油库集油井、汽轮机事故油池内集油到一定液位时要及时将废油回收，发现集油井油水分离不好时，要及时查明原因，进行处理。

6. 加强各种油品的使用管理和保存管理，用后的废油及时回收，统一处理。

7. 加强对职工的宣传教育，提高工作人员的安全用油意识、防火意识以及环保意识。

8. 单位和个人凡发现事故漏油情况必须迅速汇报，采取措施，以防事故扩大。

案例精选

水淹灰浆泵房造成全厂停电的事故

某年 11 月 6 日，某发电有限责任公司两台 125 MW 机组（3＃、4＃机组）运行，出力 246 MW，两台 50 MW 机组备用。220 kV 母线经某某线、某某线与主网连接。3＃机组通过 3＃主变供 110 kV 的Ⅰ段母线及母线上的四条直配线，负荷为 45 MW。17 时 45 分，因检修中的 1＃灰浆泵进口门未关严漏水，大量灰浆进入泵房，造成运行中的 2＃灰浆泵马达接线盒处短路，引线烧断，越级跳 6 kV 的Ⅲ段工作电源；同时，3＃主变差动保护动作跳闸，厂用电中断，110 kV 的Ⅰ母线失压，3＃机组断水保护动作跳闸。17 时 46 分，4＃机组低真空保护动作跳闸，造成全厂停电事故。

17 时 48 分，3＃主变送电，恢复厂用电和四条 110 kV 直配线。18 时 06 分，4＃机组恢复并网。23 时 32 分，3＃机组恢复并网。

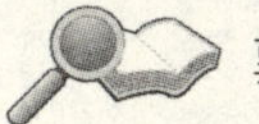

事故分析

事故发生后，经调查，运行值班人员未能及时发现 1＃灰浆泵进口门处漏水，反映运行值班人员工作责任心不强，是造成事故的直接原因。运行值班人员未能认真执行手动关严 1＃灰浆泵进口门措施，是造成事故的主要原因。工作负责人对安全措施考虑不周，工作许可人对不完善的安全措施没有提出补充意见，工作票签发人未认真审查安全措施是否正确和完善，工作票批准人审批不严，反映两票管理不严，留下事故隐患。灰浆泵马达进水短路后，继电保护误动越级跳闸，造成事故扩大。

法规标准

《电力安全生产工作条例》关于工作票的有关规定

《电力安全生产工作条例》第 29 条规定："'两票三制'（工作票、操作票、交接班制、巡回检查制、设备定期试验与轮换制）是保证安全生产的重要制度，必须认真贯彻。"

知识与技能

越级跳闸

对于电力系统继电保护一般有一个保护范围，一种保护有它的主保护范围、后备保护范围。如果某个范围出现故障，它的主保护因为各种原因没有跳闸，那么它的后备保护或者更后一级的保护会动作，切断故障部分。这种现象成为越级跳闸。

越级跳闸的原因有以下几种：

1. 主开关小于分开关负载总和。

2. 主开关有漏电保护装置分开关没有，当用电器漏电大于等于 30 mA 时主开关跳闸。

3. 经常带负荷操作主开关导致触电碳化接触不良后电阻增大电流升高发热跳闸。

4. 主开关下端只分开关上端有绝缘降低或电流过大造成绝缘皮碳化现象形成软短路。

5. 主开关脱扣电流小于改开关的标注电流。

管理经验

继电保护运行的管理

1. 严格继电保护装置及其二次回路的巡检

巡视检查设备是及时发现隐患，避免事故的重要途径，也是发电厂值班人员的一项重要工作。除了交接班的检查外，班中安排一次较全面的详细检查。对继电保护巡视检查的内容有：保护压板、自动装置均按调度要求投入；开关、压板位置正确；各回路接线正常，无松脱、发热现象及焦臭味存在；熔断器接触良好；继电器接点完好，带电的触点无大的抖动及烧损，线圈及附加电阻无过热；CT（电流互感器）、PT（电压互感器）回路分别无开路、短路；指示灯、

运行监视灯指示正常；表计参数符合要求；光字牌、警铃、事故音响情况完好；微机保护打印机动作后，还应检查报告的时间及参数，当发现报告异常时，及时通知继保人员处理。

2. 提高继电保护运行操作的准确性

（1）运行人员在学习了保护原理及二次图样后，应核对、熟悉现场二次回路端子、继电器、信号掉牌及压板。严格“两票”的执行，并履行保护安全措施票，按照继电保护运行规程操作。每次投入、退出，要严格按设备调度范围的划分，征得调度同意。为保证保护投退准确，在运行规程中编入各套保护的名称、压板、时限、保护所跳开关及压板使用说明。由于规定明确，执行严格，减少运行值班人员查阅保护图的时间，避免运行操作出差错。

（2）特殊情况下的保护操作，除了部分在规程中明确规定外，运行人员主要是通过培训学习来掌握的。要求不能以停直流电源代替停保护；有关 PT 的检修，应通知继保人员对有压监视 3YJ 常开接点短接与方向元件短接；用旁路开关代线路时，各保护定值调到与所代线路定值相同；相位比较式母差保护在母联开关代线路时，必须进行 CT 端子切换。特别要注意启动联跳其他开关的保护，及时将出口压板退出。常见的有：100 MW 发电机组单元式接线的高压厂变差动、重瓦联跳主机、主变开关保护；母线失灵跳主变、线路开关保护；线路过功率切机保护；主变零序一段跳母联开关保护；厂用备用分支过流跳各备用段保护等。

（3）发现继电保护运行中有异常或存在缺陷时，除了加强监视外，对能引起误动的保护退其出口压板，然后联系继保人员处理。

3. 搞好保护动作分析

保护动作跳闸后，严禁随即将掉牌信号复归，而应检查动作情况并判明原因，做好记录。在恢复送电前，才可将所有掉牌信号全部复归，并尽快恢复电气设备运行。事后做好保护动作分析记录及运行分析记录，内容包括：岗位分析、专业分析及评价、结论等。凡属不正确动作的保护装置，及时组织现场检查和分析处理，找出原因，提出防范措施，避免重复性事故的发生。

4. 加强技术改造工作

（1）针对直流系统中，直流电压脉动系数大，多次发生晶体管及微机保护等工作不正常的现象，将原硅整流装置改造为整流输出交流分量小、可靠性高的集成电路硅整流充电装置。针对雨季及潮湿天气经常发生直流失电现象，首先将其升压站户外端子箱中的易老化端子排更换为陶瓷端子，提高二次绝缘水平。其次，核对整改二次回路，使其控制、保护、信号、合闸及热工回路逐步分开。在开关室加装熔断器分路开关箱，便于直流失电的查找与处理，也避免直流失电时引起的保护误动作。

（2）对缺陷多、超期服役且功能不满足电网要求的110 kV、220 kV线路保护由晶体管型、整流型更换选用CKF、CKJ系列集成电路及微机线路保护。220 kV母线保护也将相位比较式更换为多功能的集成型母差保护，加速保护动作时间，从而快速切除故障，达到提高系统稳定的

作用。

（3）技术改造中，对保护进行重新选型、配置时，首先考虑的是满足可靠性、选择性、灵敏性及快速性，其次考虑运行维护、调试方便，且便于统一管理。优选经运行考验且可靠的保护，个别新保护可少量试运行，在取得经验后再推广运用。220 kV 线路两套保护装置，优选不同原理和不同厂家的产品，取长补短。这就不致因一个厂研制、制造的两套保护装置在同一特殊原因时，同时误动或拒动。针对微机、集成电路型保护性能优越、优点突出，但抗外界干扰能力差的特点，交、直流回路选用铠装铅包电缆，两端屏蔽接地；装置接地线保证足够截面且可靠、完好；抗干扰电容按“电力系统继电保护及安全自动装置反事故措施”要求引接。

（4）对现场二次回路老化，保护压板及继电器的接线标号头、电缆标示牌模糊不清及部分信号掉牌无标示现象，应重新标示，做到美观、准确、清楚。组织对二次回路全面检查，清除基建遗留遗弃的电缆寄生二次线，整理并绘制出符合实际的二次图样供使用，杜绝回路错误或寄生回路引起的保护误动作。

（5）将全厂所有水银接点瓦斯继电器更换成可靠的干簧接点瓦斯继电器。低电压电磁型继电器应更换成集成型静态继电器。对保护装置中不能保证自启动的逆变电源，要进行更换。机械防跳 6 kV 开关要加装防跳继电器等。

案例精选

维护不及时致高压电动机轴承烧毁事故

某热电厂排粉机配备的电动机功率为220 kW，电压为6 kV。电动机轴伸端采用2322E圆柱滚子轴承，非轴伸端采用6322深沟球轴承。2004年该电动机在运行中，出现轴伸端轴承温度急剧升高、轴承油盖变色，并伴有焦煳味烟气冒出的情况。运行值班人员停机后检查发现，电动机轴伸端轴承烧毁，与电动机转子抱死。事故发生后，检修人员对该电动机进行了解体检查，发现电动机轴伸端轴承烧毁，轴承架、滚子磨损严重、脱落，轴承外圈局部变为蓝色；轴承室有明显磨损痕迹，并伴有较深裂纹；转子轴与内、外侧油盖结合处，有多处较深的磨痕；电动机轴伸端轴承内、外侧油盖烧毁。解体检查后，又查看了该电动机的维修记录，发现电动机于两年前曾更换过两端轴承。在更换轴承时，发现电动机轴伸端轴承与轴承室公差配合存在问题，轴承有轻微走外圆现象，但未进行处理。更换轴承后，此电动机只在2004年2月份补充加油一次，除此之外，未有任何维护保养记录。

事故分析

经分析，造成该事故的原因有：

1. 检修人员未对轴承走外圆的缺陷进行处理，导致轴承在长期运行后发热、烧毁。

2. 检修人员未能及时对电动机进行加油维护。

3. 该电动机轴承加油时，正好处于冬季，气温较低，润滑油硬度增加。由于加油操作方法不当，致使油脂不能充分进入轴承内部，起不到良好的润滑作用，造成轴承烧毁。

4. 运行人员在发现电动机有发热现象后，不是及时用就地事故按钮紧急停运故障设备，而是先向领导汇报，再停运设备，延长了事故处理时间，造成事故扩大。

法规标准

《电业安全工作规程》对电力设备检修的有关规定

《电业安全工作规程》（发电厂和变电所电气部分）第186条规定："检修高压电动机和启动装置时，应做好下列安全措施：

一、断开电源断路器（开关）、隔离开关（刀闸），经验明确无电压后装设接地线或在隔离开关（刀闸）间装绝缘隔板，小车开关应从成套配电装置内拉出并关门上锁；

二、在断路器（开关）、隔离开关（刀闸）把手上悬挂'禁止合闸，有人工作！'的标示牌；

三、拆开后的电缆头须三相短路接地；

四、做好防止被其带动的机械（如水泵、空气压缩机、引风机等）引起电动机转动的措施，并在阀门上悬挂'禁止合闸，有人工作！'的标示牌。"

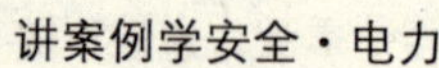

知识与技能

高压电动机的故障分析

1. 电动机的故障分类

电动机的故障可分为电气故障和机械故障。机械方面的故障主要是振动、轴承过热、转子扫膛、运转声音异常等；电气方面的故障主要是电动机绕组接地、短路、开路、接触不良、鼠笼断条等。

2. 绝缘故障原因分析

高压电动机绕组绝缘故障，受绝缘材料性能，制造工艺控制，运行安装环境及电、热、化学等综合因素影响，发生的原因比较复杂，下面结合实例分析探讨。

(1) 电化学击穿

某厂造气车间的两台故障电动机，解体检查，1 台定子绕组三处绝缘击穿，1 台四处绝缘击穿，均是点蚀损伤绝缘引起“爬电”，出现烧痕、裂缝、导电通道，且故障点均出现在电动机进风口端部且有向铁心方向移动的趋势。

运行环境恶劣引起电化学击穿是绝缘损坏的主要原因。空气中存在的酸、碱性腐蚀气体长期侵蚀绝缘材料表面，在空气湿度较大时，加速绝缘材料性能的恶化，有机绝缘材料在电、热、化学等因素的综合作用下，很容易引起损伤最终导致击穿。

(2) 频繁起动

高压电动机的频繁起动直接影响其使用寿命。这是因为起动时电动机要承受大电流的冲击，绕组要承受电动机和热

应力的叠加作用。由于绕组绝缘材料与铜导体膨胀系数不同，在起动时绝缘材料与导体之间形成很大的剪切应力，导体与绝缘材料之间的固定将被破坏，绝缘将分层或撕裂以至发生绝缘击穿。鼠笼式异步电动机在频繁起动时，还容易造成鼠笼断条，尤其是负载起动电动机，故障概率更高。

（3）嵌线缺陷

嵌线时绑扎端部造成端部绝缘压陷损伤，是引起高压电动机绕组损伤的另一个重要因素。凡被端环接触到的部位，表面绝缘都不同程度地挤压出凹陷的沟痕，使一部分软化的绝缘材料被挤压到绑扎接触面的边缘，整体固化后，此部分绝缘显著减薄，绝缘强度降低。

（4）端部手包绝缘质量不良

端部手包绝缘质量不良造成端部相间或相对地短路的实例非常多。手包绝缘包层不紧，内部有间隙，在环境湿度高时，绕组的绝缘性能明显下降直至绝缘材料表面结露，此时绝缘表面易于引起沿面放电。其放电机理是在绝缘表面首先生成水膜，在电场的作用下，水膜被电离并使离子沿表面移动、汇集，造成电场的不均匀分布，同时降低了表面的放电电压。这种沿表面放电实际上是一种气体介质放电现象，其电压比单一气体或固体中存在的击穿电压低得多，有时延面“爬电”距离可达数十厘米。沿面放电可能导致高电位之间贯穿性的击穿闪络，即相间短路事故。

某厂变换工段室外安装的两台Y560－10、500 kW电动机，在暴雨天气因电动机进水保护动作相继跳闸。解体检查，发现电动机由风道进水造成端部相间绝缘多处击穿，

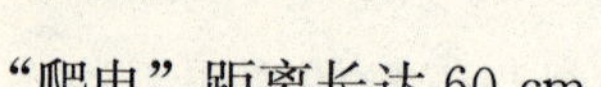

“爬电”距离长达60 cm。

高压电动机绕组绝缘材料在电气、机械、温度、环境等因素的综合作用下，逐渐老化。采用相应试验方法，分析判断绝缘老化程度，实施及时必要的绝缘处理，即可延长设备寿命。

案例精选

发电机短路事故

2003年9月19日，某电厂1号机组并网后按启动曲线带负荷。5时，1号发电机定子线圈温度为62℃。5时30分，发电机定子线圈温度达85℃（负荷55.9 MW），发出“发电机定子线圈温度高”报警信号。5时33分，汽轮机运行人员确认报警信号。由于运行人员误认为是测温系统的模块问题，判断装置为误发信号，没有引起重视，继续按中调负荷曲线运行。7时55分，负荷102 MW，主控室1号主变低压侧“95%接地”光字排闪亮，电气运行人员立即切换发电机定子三相电压，检查正常，随即到发电机本体及刀闸等处检查，未发现异常，即刻通知检修继保班。8时10分，电气运行人员会同继保班人员检查1号主变低压侧PT（电压互感器）二次保险正常。交接班时，接班司机提出，检查发现1号发电机定子冷却水出水管温度偏高（手感），交班司机随即启动另一台水冷泵。8时24分，主控室出现“1号发电机50%定子接地”信号牌闪亮，警铃响，汇报值长，值长令将1号发电机有功、无功负荷降至零，做好停机准备。1 min后，主控室又发生“1号发电机85%定子接地”

信号牌闪亮，并警铃响。2 min 后，集控室发出 1 号发电机漏水报警，且机头冒烟，值长令紧急停机，电气运行人员正欲手动拉开 1 号发电机出口开关。到 8 时 27 分，主控室事故警铃响，出口开关跳闸，“1 号发电机差动保护”动作光字牌亮，1 号发电机组与系统解列。

事故分析

经事后分析，造成该事故的原因为：

1. 电气检修在停机对发电机定子线圈进行反冲洗后，反冲洗阀门手动操作没有完全恢复到位（事后检查发现，该阀门尚有 15％的开度），致使发电机冷却水部分被旁路。

2. 汽轮机运行人员在开机前未认真检查发电机定子冷却水系统运行状态是否正常；机组并网运行后对出现的“发电机定子线圈温度高”报警未引起高度重视，没有作出正确的判断和检查处理。

3. 热工部分数据不准确，在一定程度上影响了运行人员的判断思路。

4. 由于进入发电机定子线圈冷却水量减小，致使线圈温度升高，最高到达 146℃，绝缘引水管受热膨胀，有一根纵向破裂，使线棒绝缘下降，发出接地信号，进而相间短路，“差动保护”动作跳机。

法规标准

《电气安全管理规程》对发电机的有关规定

《电气安全管理规程》第 29 条规定：“不同用途和不同

电压的电气设备，除另有规定外，可使用一个总接地体，但接地电阻应符合其中最小值的要求。”第三十条规定：“在中性点直接接地的低压电力网中，电气设备的金属外壳应采用接零保护。在中性点非直接接地的低压电力网中，电气设备的金属外壳应采用接地保护。由同一台发电机，同一台变压器或同一段母线供电的低压电力网上的用电设备只能采用一种接地方式。”

《电力设备典型消防规程》第 182 条规定：“检修发电机、同期调相机必须做好下列安全措施：

一、断开发电机、同期调相机的断路器（开关）和隔离开关（刀闸）；

二、待发电机和同期调相机完全停止后，在操作把手、按钮、机组的启动装置、并车装置插座和盘车装置的操作把手上悬挂‘禁止合闸，有人工作！’的标示牌；

三、若本机尚可从其他电源获得励磁电流，则此项电源亦必须断开，并悬挂‘禁止合闸，有人工作！’的标示牌；

四、断开断路器（开关）、隔离开关（刀闸）的操作能源。如调相机有启动用的电动机，还应断开此电动机的断路器（开关）和隔离开关（刀闸），并悬挂‘禁止合闸，有人工作！’的标示牌；

五、将电压互感器从高、低压两侧断开；

六、经验明无电压后，在发电机和断路器（开关）间装设接地线；

七、检修机组中性点与其他发电机的中性点连在一起的，则在工作前必须将检修发电机的中性点分开；

八、检修机组装有二氧化碳或蒸汽灭火装置的，则在风道内工作前，应采取防止灭火装置误动的必要措施；

九、检修机组装有可以堵塞机内空气流通的自动闸板风门的，应采取措施保证使风门不能关闭，以防窒息。”

知识与技能

相间短路防止办法

我国的交流电制式是三相五线制。它有三相电和零、地五根线。相与零、地之间的电压叫线电压，相与相之间的电压叫相电压。一相和另一相之间短路就叫相间短路。相与零、地短路叫接地。

1. 防止定子绕组相间短路

(1) 加强对大型发电机环形接线、过渡引线、鼻部手包绝缘、引水管水接头等处缘的检查。按照《电力设备预防性试验规程》(DL/T 596—1996)，对定子绕组端部手包绝缘施加直流电压测量，不合格的应及时消缺。

(2) 严格控制氢冷发电机氢气的温度在规程允许的范围内，并做好氢气湿度的控制措施。

2. 防止水路堵塞过热

(1) 水内冷系统中的管道、阀门的橡胶密封圈应全部更换成聚四氟乙烯垫圈。

(2) 安装定子内冷水反冲洗系统，定期对定子线棒进行反冲洗。反冲洗系统的所有钢丝滤网应更换为激光打孔的不锈钢板新型滤网，防止滤网破碎进入线圈。

(3) 大修时，对水内冷定子、转子线棒应分路做流量试验。

(4) 扩大发电机两侧汇水母管排污口，并安装不锈钢法兰，以便清除母管中的杂物。

(5) 水内冷发电机水质应严格控制规定范围。水中铜离子含量超标时，为减缓铜管腐蚀，125 MW 及以下机组允许运行时在水中加缓蚀剂，但必须控制 pH 值大于 7.0。

(6) 严格保持发电机转子进水支座石棉盘根冷却水压低于转子内冷水进水压力，以防石棉材料破损物进入转子分水盒内。

(7) 定子线棒层间测温元件的温差和出水支路的同层各定子线棒引水管出水温差应加强监视。温差控制值应按制造厂规定，制造厂未明确规定的，应按照以下限额执行：定子线棒层间最高与最低温度间的温差达 8℃或定子线棒引水管出水温差达 8℃时应报警，应及时查明原因，此时可降低负荷。定子线棒温差达 14℃或定子引水管出水温差达 12℃，或任一定子槽内层间测温元件温度超过 90℃或出水温度超过 85℃时，在确认测温元件无误后，应立即停机处理。

管理经验

防止电气线路短路十项措施

1. 根据具体环境选用适当的导线类型。通常要考虑到防湿、防热、防腐，避免绝缘层失效。

2. 要定期检查、更换线路。避免线路年久失修，绝缘层陈旧或受损，使线芯裸露。

3. 一旦发生过电流、过电压时，要及时检测线路绝缘

强度，防止电线绝缘被击穿。

4. 安装、修理人员要谨慎作业，防止接错线路，或带电作业时造成人为碰线短路。

5. 安装裸电线要把好高度和电线间距，避免搬运金属物件时不慎碰在电线上，或线路上有金属物件跌落而发生电线之间的短路。

6. 架空线路一定要根据规范要求，防止出现电线间距太小、档距过大、电线松弛，造成导线相碰；架空线与建筑物、树木距离要符合标准要求，以免因刮风使电线与建筑物或树木接触。

7. 要选择有一定机械强度的电线，避免因电线断落接触大地，或断落在另一根电线上。

8. 高压架空线的支持绝缘子要保证足够的耐压强度，否则会引起线路对地短路。

9. 安装电线或装接临时线路，要按照规程行事，禁止私拉乱接、盲目蛮干。临时线路使用完毕后应及时拆除。

10. 要对电气线路采取技术保护措施，通常主要选用熔断器和自动空气开关等。

案例精选

误操作导致凝汽器低真空保护跳机事故

2000 年 9 月 4 日，某电厂凝汽器 6＃机停备，5＃机正常运行。零米值班员在接到主值班员下达的“开 6＃机凝汽器至室外放水门”的命令时，没有认真执行“五要领”，心不在焉，拿着工具就去操作，走错位置误将 5＃机的凝汽器汽侧放水门当成6#机凝汽器至室外放水门进行操作，而且现场没有监护人员对其操作进行监护，也没有注意到单元表计的参数变化，致使运行中的5#机真空急剧下降，汽轮机“凝汽器真空低”保护动作跳机。

事故分析

零米值班员在接到主值班员“开6#机凝汽器至室外放水门”的命令时，没有填写操作票和危险点分析预测卡，没有认真执行“五要领”，心不在焉，是5#机低真空保护动作跳闸的直接原因。

运行主值班员发出命令后，既没有派监护人对其操作进行监护，也没有注意单元表计的参数变化，更没有直接到现场去查看，错失了处理异常的宝贵时间，最终使异常扩大，保护动作而停机。

法规标准

防止电气误操作事故注意事项

《防止电力生产重大事故的二十五项重点要求实施细则》第2.1条规定：“严格执行‘两票三制’认真执行操作票，工作票制度，并使‘两票三制’制度化、标准化、管理规范化。”

第2.2条规定：“有关升压站设备及线路的操作，应严格执行调度命令，操作时不允许改变操作顺序，当操作发生疑问时，应立即停止操作，并报告调度部门，不允许随意修改操作票，不允许解除闭锁装置。”

第 2.3 条规定："在具体进行操作时，发令人应交代清楚操作任务，检查操作的六项必备条件，十二项步骤齐备，交代操作中的安全措施，认真执行操作人、监护人有关规定，先在模拟盘上模拟操作，到现场实际操作时要认真核对设备命名编号，设备技术状况，认真唱票并复诵，准确无误后在监护人监护下进行操作，执行完在该项打'√'，然后再进行下一项操作，直至整个操作完成，并进行操作评价。"

第 8.16 条规定："运行人员必须严格遵守值班纪律、集中思想监盘，经常分析各运行参数的变化，调整要及时、准确判断及处理事故。"

知识与技能

热力运行工安全操作规程

1. 准备工作：供汽前对站内设备、阀门进行全面检查，要清楚各管路分布情况，做到心中有数，启动阀门时身体侧向一边，以防法兰处喷汽伤人，经常保持压力表盘清洁明亮，经常擦拭阀门并注油。

2. 供汽：打开分汽缸疏水系统，旁通阀门，缓慢开启总阀门，勿使流量压力增加过快，等凝结水排完后关闭旁通门，各分汽缸阀门，开启时先进行暖管。平时运行中要随时给予调整总蒸汽压力，分汽缸总压力不得超过 0.35 MPa。

3. 停汽：正常停汽，对不要求供汽的管路，阀门不能关死，压力控制在 0.05 MPa，准备修理停汽，在接到上级主管部门停汽指令后，予以停汽。对停汽的阀门，挂修理

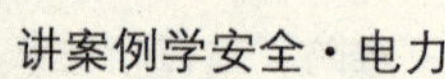

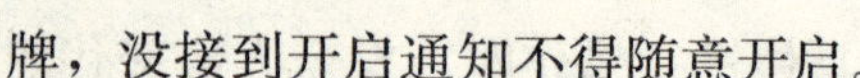
牌，没接到开启通知不得随意开启。

4. 回水处理：蒸汽凝结水箱水满后，开动回水泵，送回电厂。

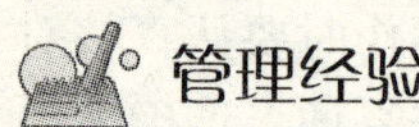

管理经验

杜绝违章的管理措施

1. 加强管理。首先要加强设备管理。要落实“严、细、实”的工作作风，对设备标示牌缺损等问题，要“小题大做”，充分认识其缺损和标识错误的危害性，使设备标识正确、清晰、明了，设备管理规范、标准。

2. 加强“两票三制”管理，杜绝习惯性违章。切实落实“操作票”和危险点分析预控制度，操作要执行“五要领”，值班员要复述操作命令，监护人要监护到位，杜绝无票操作，打手势传达命令，传达命令不报姓名等习惯性违章行为。

3. 加强人员管理。要了解值班人员的精神状态，提高工作责任心，真正做到精心监护，精心操作，及时发现异常现象，采取对策及时处理，防止因操作人员一时糊涂，酿成事故。

4. 加强培训。加强运行人员的现场培训和岗位操作技能培训，采取现场考问、知识竞赛等多种形式的培训，使培训工作规范化、标准化，提高运行人员学习的积极性和主动性，加强培训工作的针对性和有效性。

案例精选

违规操作导致电厂高脱满水事故

某日，某电厂5＃高脱东侧下水门后8 m平台处砂眼消缺，运行分场汽轮机运行进行低压给水母管005号以西系统的隔离工作。经值长批准，12时，给水泵专责将1＃给水泵切换为9＃给水泵运行，13时30分，副班长刘某监护停运4＃、5＃高脱。约14时，5＃高脱满水，水流至汽轮机房房顶，造成雨水管断裂，漏至并5＃汽门开关盒处，导致并5＃汽门开关短路自动关闭，运行中的5＃炉负荷骤减，安全门动作，直到15时10分，恢复正常。

事故分析

造成此次事件的主要原因有以下几点：操作人、监护人在操作票的执行中存在跳相，未按操作顺序执行等严重违反操作票的现象；停运过程中，工作人员检查不仔细，对可能出现的问题考虑不周；运行班长在事故发生后与运行值长的相互联系不及时；运行分场对热力机组操作票的管理粗放，要求不严，执行不规范；当值运行值长在事件发生后对设备的异常运行情况掌握不清，组织协调不利。

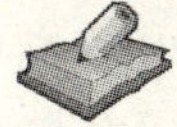

法规标准

《电气安全工作规程》规定的电气事故处理原则

《电气安全工作规程》中第92条规定：“电气事故的处

理，应在值班长的集中统一领导下进行，在事故处理期间，值班长应坚守岗位组织事故处理。”

第 93 条规定：“当事故使开关跳开后，值班人员应先对开关保护系统进行检查，确认无误后，方可强送电一次，强送电时要注意表计及设备有无异常变化，若有异常情况，应即速拉闸，待查明原因，处理妥善后，方可再行送电。当油开关切断事故三次时，应立即对触头进行解体检查。”

第 94 条规定：“当发生变压器过负荷，湿度升高等现象时，值班人员应立即对负荷进行倒换，或投入备用变压器，保证正常供电。”

第 95 条规定：“当出现高压单相接地信号时，值班人员应根据信号反映，迅速查明接地点，并及时处理，接地故障寻找期间，设备可以继续运行，但这时非故障相对地电压将升高 1.732 倍，值班人员应严密监视设备运行，防止事故扩大。”

知识与技能

汽轮机少蒸汽运行在厂用电中断事故中的应用

1. 汽轮机润滑油压与转速的平方成正比，因此只有发电机调相运行保证汽轮机转速，才能确保汽轮机润滑油压安全。

2. 汽轮机进汽量要适当，用于冷却鼓风摩擦产生的热量，保持发电机有功负荷为零，发电机带无功运行，以免发电机跳闸，造成汽轮机超速。

3. 尽量保持凝汽器真空，由于射水泵无法启动，虽然

循环泵能正常运行，而凝汽器中水蒸气的凝结量较小，故真空下降较快。可以退出汽轮机低真空保护，尽量延长运行时间，等待厂用电恢复，若实在不能维持，应打闸停机，破坏真空，以减小轴瓦烧损程度。

4. 在该运行方式下密切监视凝汽器水位、排汽温度、轴瓦温度、回油温度等参数在允许范围之内，以免事故扩大。

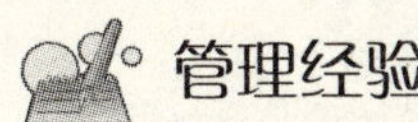

管理经验

电力行业安全管理模式实行内容

1. 二票四制。

二票：检修工作票、运行操作票。

四制：交接班制、巡回检查制、设备定期切换制、现场管理制。

2. 春秋季电力行业的安全大检查。

3. 安全生产责任制的层层落实。

4. 安全教育制度。

（1）新入厂职工三级安全教育。

（2）复工安全教育。

（3）转岗人员安全教育。

（4）临时性工作安全教育。

（5）周一技安活动。

（6）安全生产月活动。

（7）安全技术培训（应知应会）。

（8）反事故演练。

5. 安全检查制度。

（1）班组日查（包括班前班后会）。

（2）车间周查。

（3）厂月查。

（4）春秋安全生产大检查。

（5）三级危险点的检查。

（6）专业性的检查。

（7）季节性的检查。

（8）节前检查。

（9）开工生产前的检查。

检查内容有

（1）安全管理检查。

（2）消防管理检查。

（3）计量器具及压力容器管理的检查。

（4）人力资源管理的检查。

（5）生产现场及设备管理的检查。

（6）技术质量管理的检查。

（7）生产保卫的检查。总之是从人、物、环境三大方面综合安全检查。

6. 危险作业审批的管理。

7. 劳动防护用具发放及穿戴的管理。

8. 保健津贴的管理。

9. 特种设备的安全管理。

10. 车辆的安全管理。

11. 手持电动工具的安全管理。

12. 接引临时线的安全管理。

13. 消防安全管理。

案例精选

工作人员对设备维护不当引发停电事故

2002 年 3 月 17 日 5 时 8 分，某电厂 1 号联变 220 kV 侧 B 相避雷器发生爆炸。运行人员听到一声巨响，1 号联变方向有闪光，同时主控室喇叭响，联变差动保护动作，只跳 220 kV 侧与 110 kV 侧开关，6 kV 侧开关未跳，1 号联变失灵保护动作，跳掉 220 kV 母联开关、正母上的 220 kV 线路 4，6 机开关，系统稳控装置 FWK 动作，切除 220 kV 某变电站的 5 条 110 kV 线路，系统周波降至 47.78 Hz，4，6 号机在主开关跳开后各带本机厂用电运行，事故造成某地区大面积停电，省内其他地区部分线路低周动作停电。

事故分析

1 号联变 220 kV 侧 B 相避雷器瓷瓶表面脏污，长时间放电，加上当时大雾，发生避雷器上节外绝缘闪络击穿，全部运行电压加在下节避雷器上，导致 B 相避雷器全部击穿接地是事故发生的主要原因。此外，电流检测继电器 LJc 动作时按照设计回路应该发出报警信号，但当初建设时漏装信号回路，而且联变失灵保护已超期未校验，以致 LJc 的缺陷没能及时发现，也是事故扩大的原因之一。

法规标准

《电气设备全过程管理规定》对电气设备定期检修的规定

《电气设备全过程管理规定》第 40 条规定：“对设备的预防性检修，应以全面分析设备的状态为基础，加强整机维修目标的管理，真正做到‘应修必修，修必修好’。要重视对设备的事故、障碍及可靠性研究，分析事故产生的原因、几率以及它的发展过程，根据不同时期的事故发生原因，采取不同的维修对策。要在保证质量的前提下，缩短维修时间。”

第 41 条规定：“对维修所需备品、备件、应执行部颁备品备件储备办法。加工精度高、工艺复杂，且不易损坏的备件由制造厂或配件公司集中储备供应。部属修造厂对电厂易损备件实行专业化分工生产，以保证用时即有，且不大量积压，对经常损坏、修复时间长的设备和配件，逐步采用轮换备品的办法。”

第 42 条规定：“开展对设备和部件的物质寿命、经济寿命、技术寿命的分析，提倡结合设备检修，根据三种寿命分析的结果对设备进行局部的技术更新和改造。对每项改造的前、后应进行对比试验，以保证获得较大的经济效益。

（注：设备的物质寿命，指因磨损而不能继续使用的设备物质寿命；经济寿命，指由于设备老化，使用费日益增加；由使用费定设备使用时间；技术寿命，指设备从开始使用直到因技术落后而被淘汰为止所经历的时间）。”

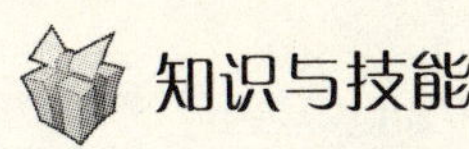

220 kV 输电线路雷击掉闸处理措施

1. 组织线路运行维护及管理人员，认真学习输电线路防雷保护的有关知识，不断提高线路管理维护水平。

2. 严格按照图样要求进行接地体处理，确保施工质量。

3. 定期挖开接地体检查接头连接情况，确保与塔体、防雷保护装置接触良好。

4. 定期测量绝缘子，及时发现并更换遭雷击绝缘子。

5. 及时收集线路所经过地区的气象资料，有针对性地进行分析研究，为线路防雷提供比较准确、翔实的气象资料。

6. 采用导电防腐材料对接地体进行防腐，提高接地体使用寿命，减小维护工作量。

7. 对因地形限制接地体难于进行处理的杆塔，可以采用膨润土降阻防腐剂或打垂直接地体、背土埋设接地体等方式处理接地体电阻到合格范围。

8. 定期测量土壤电阻率，掌握土壤电阻率的变化情况，为接地体处理作好资料准备。

9. 接地体接头采用焊接代替螺钉压接和爆破压接。

10. 根据雷电活动情况，在重雷区地势较高的杆塔安装消雷器及护角保护。

11. 将架空地线放电间隙直接短接。

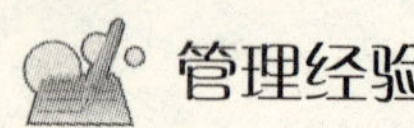

管理经验

常抓设备管理，提高设备健康水平

设备健康水平是安全生产的硬件基础，直接关系到电网的安全运行，许多事故的发生都是与设备的缺陷有关。因此，可从以下几个方面加强设备运行、维护和管理：

1. 以缺陷管理为中心加强设备管理。要应用好红外测温及成熟的在线监测和信息管理系统等技术手段，掌握设备运行状况，及时消除设备隐患。

2. 提高设备的检修质量。合理安排输变配电设备检修计划，做到“应修必修，修必修好”。加强设备检修管理，稳步推进输变配电设备状态检修，建立健全输电线路设备状态评估办法。

3. 改善设备性能。增加和完善保证安全的技术手段，加快老旧变电站、输电线路的改造，提高电网输送能力和安全稳定水平，提高供电可靠性。

4. 加强监测与跟踪。对一时难以消除的设备隐患，加强监测和跟踪，制定完善的应对预案，采取果断措施，不能存在有任何侥幸心理和麻痹思想。

5. 加强设备的运行管理。根据电网迎峰度夏、防洪、防汛等特殊时期保供电需要，有针对性地加强电网设备各个时期的运行管理，对重要输电通道、枢纽变电站定期巡视，重点检查。

案例精选

工作人员误操作导致机组跳闸事故

1989年11月17日，某发电厂1＃、2＃两台机组运行，调度令晚峰后停1＃机做备用。20时31分，值长令：“1＃发电机解列转备用”。20时40分，1＃机断路器切开，发电机与系统解列。但操作人、监护人没有对操作票余下的项目继续进行操作，如断开1＃机出口隔离开关等，而是坐下闲谈，班长也没有进行纠正。22时20分，班长令操作人、监护人到1＃发电机小间拉开1＃发电机出口隔离开关，两人虽然拿着操作票，但却走到2＃机小间，在没有核对设备名称、编号，也没有进行唱票和复诵的情况下，将2＃机02甲、02乙电压互感器隔离开关拉开，当即造成2＃机两组电压互感器全部失压，强励动作，无功大量上涨（表计已不能显示），静子电流剧增，发电机组复合过流保护动作跳开发电机组出口及灭磁断路器。23时，经对设备检查无异常后将2＃机并入系统。

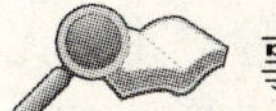

事故分析

电气防误闭锁装置不完善，造成了防止误操作事故硬件设施的不正常。人为的误操作行为无法阻止，是本次误操作发生的重要原因。在运行人员错误拉开运行中发电机电压互感器的一组隔离刀闸时，本已有火花产生，但操作人和监护人没有意识到已经发生误操作行为，又错误地将另一组电压互感器的隔离刀闸拉开，致使保护动作发电机跳闸；执行倒闸操作票制度不认真，一项操作未完全结束，无故随意中止操作。本次操作虽有操作票，但监护人、操作人没有执行“四对照”规定，在精力不集中的前提下，本应到1＃发电机开关间隔进行操作，却误走到运行中的2＃发电机间隔。最终导致了本次事故的发生。

法规标准

《电气安全工作规程》中倒闸操作票制度

《电气安全工作规程》第27条规定：“下列倒闸操作，必须签写操作票：

1. 供电系统变压器的并列和解列；

2. 10 kV高压设备超过两项以上的倒闸操作。（上述重要操作，由电力调度员或主管技术员签发操作令）。”

第28条规定：“下列操作可不用操作票，但必须有监护人在场：

1. 电网限负荷时停送油开关或其他开关的单一操作；

2. 事故处理。”

第30条规定：“操作时应对设备进行核对，检查正确无误，在执行过程中，由监护人对照操作票发令，操作人要准确执行，操作中发生疑问时，不准擅自更改操作票，必须向电力调度员或值班负责人报告，弄清楚后再进行操作。”

第31条规定：“操作票应先编号，按编号顺序使用，作废的操作票，应注明‘作废’字样；已操作的注明‘已执行’的字样。上述操作票保存3个月。”

知识与技能

电闸箱操作注意事项

1. 此箱只允许电器专业人员操作，其他人不得操作；

2. 作业时，必须按规定佩戴好劳保用品和绝缘用具；

3. 严禁带负荷拉隔离开关；

4. 断电时，应先断开漏电保护器或自动空气开关，然后再断开隔离开关；

5. 送电时，先合隔离开关，然后关闭闸箱门，由闸箱门外部漏保开关门合漏电保护器或自动空气开关；

6. 必须做好外壳可靠地接零保护；

7. 严禁带电移动或用电缆拖拉箱体；

8. 分配箱插座严禁直接与电器设备连接；

9. 带电检修或作业时，不准一人单独作业，应有一人监护，并采取必要的安全措施。

管理经验

班组长安全管理“十字法”

1. 突出一个“学”字。经常开展班组安全知识学习活动，提高个人安全意识，增强班组的群体安全素质和安全责任感；

2. 狠抓一个“严”字。工作上讲求严密，使事故无可乘之机；态度上要严肃，抓安全毫不放松；标准上要严格，抓规程作业一丝一毫不含糊；在行为上要严于律己，以身作则做表率；

3. 坚持一个“查”字。坚持做到班前互相确认检查制，班中现场巡查制，查现场各种不安全因素，查人的思想动态，及时消除各种不安全因素；

4. 立足一个“准”字。个人动态有标准，作业行为守规范；

5. 深化一个“细”字。细在安全责任制上，细在规章制度上，细在操作标准上，细在班组建设上，细在每一项施工环节和每一道工序；

6. 注意一个“防”字。要有超前预测预防意识，消除人的不安全行为、物的不安全因素和环境对人的影响，使班组在生产活动中形成自保互保的三道安全防线；

7. 贯彻一个“全”字。做好全员培训，全线预防和全面管理，对人与机、人与环境、物与环境的安全进行分析和评价，处理好这三者相互间对事故产生的关系，达到班组安全生产的目的；

8. 落实一个“实”字。将安全预防措施落到实处，确确实实落到各工种各岗位，实事求是搞好安全生产；

9. 要求一个“快”字。对上级关于安全工作的指示精神要传达得快，现场发现问题要处理得快，查出事故隐患要整改得快，对三违人员要制止批评教育得快，安全生产情况要汇报得快；

10. 保持一个“多”字。在生产活动中多留一个神，多

说一句话，多提一个醒。对易发事故的区域和岗位，在工作中力求多一点确认，多一些查看，进而达到多一处预防，多一个措施，把事故消灭在萌芽状态。

案例精选

管路吹扫不彻底引发人身灼伤事故

2003 年 5 月 13 日，某电厂 2×300 MW 机组工程 3 号锅炉吹管进入加氧吹管阶段。16 时，对左全屏过热器进行加氧吹管工作。在氧气瓶接入支路前，安装单位工作人员打开排气门对其支管路进行两次每次约十多分钟的蒸汽吹扫，并消除了加氧支路接头漏气的缺陷。17 时 45 分，调试单位的指挥人员来到零米加氧点进行现场指挥，发现加氧蒸汽吹扫 A、B 两控制门未关闭，指挥施工人员将该两阀门关闭，接入两组氧气瓶（每组 10 瓶），并将两组氧气支管路 C、D 阀门打开，此时压力表 P1 为 12 MPa。18 时 20 分，左全屏过热器加氧吹管准备工作全部完成。19 时，此时汽包压力为 5.8 MPa，过热器温度为 427℃。在听到吹管指令后，工作人员打开加氧控制 B 阀门，在开启阀门过程中突然一声巨响，两个控制加氧阀门及连通管同时被烧化、炸裂，大量的蒸汽冲出，造成 1 人脸、手、胸部严重灼烫伤，Ⅱ度烫伤面积达 60%，另有 2 人轻度烫伤。

事故分析

据调查分析，在加氧吹管前的两次十多分钟对临时管路的吹扫时，未对氧气支管路和压力表支管路进行吹扫，吹管加氧系统临时管路蒸汽吹扫不彻底，加氧系统临时管路存在油脂，从而在加氧过程中，氧气与支管路的油脂接触，形成氧化反应，在打开加氧控制 B 阀门时，氧气与高温蒸汽接触，而产生爆燃，使加氧控制 A、B 阀门和连通管路烧断，造成加氧操作人员烫伤。

法规标准

氧气管道管径的设计

《氧气站设计规范》第 9.0.1 条规定：“氧气管道的管径，应按下列条件计算确定：

1. 流量应采用该管系最低工作压力、最高工作温度时的实际流量；

2. 流速应是在不同工作压力范围内的管内氧气流速，并应符合下列规定：

（1）氧气工作压力为 10 MPa 或以上时，不应大于 6 m/s；

（2）氧气工作压力大于 0.1 MPa 至 3 MPa 或以下时，不应大于 15 m/s；

（3）氧气工作压力为 0.1 MPa 或以下时，应按该管系允许的压力降确定。”

氧气管道管材的选用

《氧气站设计规范》第 9.0.2 条规定：“氧气管道管材的选用，宜符合表 9.0.2 的要求。”

敷设方式	工作压力（MPa）		
	≤1.6	＞1.6≤3	≥10
	管材		
架空或地沟敷设	焊接钢管（GB 3092—82）电焊钢管（YB242—63）无缝钢管（YB231—70）钢板卷焊管（A3）	无缝钢管（YB231—70）	铜基合金管
埋地敷设	无缝钢管（YB231—70）		

知识与技能

加氧临时系统的操作注意事项

1. 加氧临时系统的选用需符合《氧气站设计规范》:

（1）加氧临时系统是采用多个氧气瓶并联在母管上，每个氧气瓶与加氧母管利用 28 mm 的铜管连接，且氧气瓶本体用丝扣活络接头与各铜管连接，以便于在加氧吹扫过程上安全、方便、快捷地更换用完的氧气瓶，加氧母管也使用 28 mm 的铜管；加氧母管与各空气门管道用 16 mm 的合金钢管连接，加氧母管上的截止门和调节门均使用针型阀，以便于控制每次吹扫的加氧量。

（2）吹扫前，加氧临时系统的所有管件都应通过 1.25 倍氧气瓶压力的水压试验。

（3）为防止临时系统内积油，发生管道、阀门等烧化的情况，临时系统的所有阀门、管道安装前用CCl_4（四氯化碳）进行彻底清洗，特别是阀门都进行解体清洗、脱脂后用紫外线检查法或溶剂分析法进行检查。脱脂合格后的管道、阀门，应及时封闭管道口，密封阀门，并充入干燥氮气。

（4）加氧临时系统所有焊口都经氩弧焊打底，并通过100％无损探伤。临时系统布置要合理、紧凑，并搭建平台。氧气瓶设有固定装置，氧气瓶至母管的连接管用支架固定，防止管子晃动造成焊口开裂。

（5）压力计要使用标明“禁油”的氧气专用压力计，且应在无油条件下校验合格。

2. 在锅炉首次点火升压过程中有加氧点的空气门管道应进行充分的蒸汽冲洗。锅炉进入加氧吹管阶段，为了防止锅炉内的蒸汽倒窜，在加氧母管末端的管道上安装逆止阀。加氧冲管前，该逆止阀不装，以便利用锅炉内的蒸汽倒窜，冲洗加氧临时管路内残存的油污。

3. 加氧临时系统附近布置消防器材并有专人负责，系统周围布置相应的护栏并挂警告牌，禁止无关人员入内。

4. 备足符合初压要求的氧气瓶。

管理经验

电厂锅炉压力容器的变更、判废与报废

1. 在用压力容器经内外检验或修复后，检验单位应在出具的检验报告中重新评定安全状况等级，如安全状况等级有变更，应报设备管理部压力容器监督工程师，经批准后到上级使用登记部门办理安全状况等级变更手续。

2. 改变压力容器的使用条件（压力、温度、介质、用途等）时，上报设备管理部压力容器监督工程师时，须持改变使用条件的设计资料、批准文件以及《压力容器技术登录簿》、检验报告等，由设备管理部压力容器监督工程师到上级使用登记部门办理变更手续。

3. 经检验判废的压力容器，由检验单位出具书面报告，报设备管理部压力容器监督工程师备案。

4. 压力容器报废后，应报设备管理部压力容器监督工程师，送上级使用登记部门办理报废和注销手续。

案例精选

工作人员误操作导致排粉机跳闸事件

某日8时40分，某电厂锅炉检修工作负责人刘某办好“处理5号炉1号球磨机入口封头螺栓”工作票，在安全措施全部执行后，带领3名工作人员到5号炉1号球磨机开始工作。

9时2分，锅炉运行班长通知该工作班成员杨某，称5号炉2号球磨机入口漏粉，需要处理。

9时16分，检修人员杨某检查5号炉2号球磨机入口漏粉情况时，发现法兰有火星，判断球磨机入口着火。为避免系统发生爆炸，威胁锅炉运行，立即按事故按钮停止球磨机的运行，进行灭火。匆忙中杨某误按下5号炉1号排粉机事故按钮，导致1号排粉机跳闸。锅炉运行司炉刘某判断可能是检修人员误触5号炉1号排粉机事故按钮，立即合上5号炉1号排粉机开关，同时副司炉将下排给粉电源投入。在此过程中，5 号炉主汽温度由 540℃降至 533℃，主汽压力由 9.60 MPa 降至 9.20 MPa，总负荷未受影响。

事故分析

锅炉检修人员杨某没有明确自己的安全职责，发现设备异常运行，没有及时向运行人员汇报，擅自作出决定。检修人员没有明确自己的安全职责，设备管理界限不清。安全意识淡薄，对违章操作的危害性认识不足，在发现 2 号球磨机入口着火后不是及时通知锅炉运行人员处理，而是擅自操作设备，导致此次事故的发生。

法规标准

电气设备着火时工作人员灭火的注意事项

《电业安全工作规程》（热力和机械部分）中第 38 条规定："应尽可能避免靠近和长时间的停留在可能受到烫伤的地方，例如：汽、水、燃油管道的法兰盘、阀门，煤粉系统和锅炉烟道的人孔及检查孔和防爆门、安全门、除氧器、热交换器、汽鼓的水位计等处。如因工作需要，必须在这些处所长时间停留时，应做好安全措施。

设备异常运行可能危及人身安全时，应停止设备运行。在停止运行前除必须的运行人员外，其他作业人员以及参观人员不准接近该设备或在该设备附近逗留。"

第 46 条规定："遇有电气设备着火时，应立即将有关设备的电源切断，然后进行救火。对可能带电的电气设备以及发电机、电动机等，应使用干式灭火器、二氧化碳灭火器或

1211灭火器灭火；对油开关、变压器（已隔绝电源）可使用干式灭火器、1211灭火器等灭火，不能扑灭时再用泡沫式灭火器灭火，不得已时可用干砂灭火；地面上的绝缘油着火，应用干砂灭火。

扑救可能产生有毒气体的火灾（如电缆着火等）时，扑救人员应使用正压式消防空气呼吸器。”

知识与技能

锅炉检修注意事项

1. 在锅炉内部进行检修工作前，须把该炉与蒸汽母管、给水母管、排污母管、疏水总管、加药管等的联通处用有尾巴的堵板隔断，或将该炉与各母管、总管间的严密不漏的阀门关严并上锁，然后挂上警告牌。电动阀门还须将电动机电源切断，并挂上警告牌。

2. 在工作人员进入燃烧室及烟道内部进行清扫和检修工作前，须把该炉的烟道、风道、燃油系统、煤气系统、吹灰系统等与运行中的锅炉可靠地隔断，并与有关人员联系，将给粉机、排粉机、送风机、回转式空气预热器、电气除尘器、炉排减速机等的电源切断，并挂上禁止起动的警告牌。

3. 燃烧室及烟道内的温度在60℃以上时，不准入内进行检修及清扫工作。若有必要进入60℃以上的燃烧室、烟道内进行短时间的工作时，应制定出具体的安全措施，设专人监护，并经厂主管生产的领导（总工程师）批准。在锅炉大修中，动火作业（包括氧气瓶、乙炔气瓶等易燃易爆装置的放置）要与运行油母管保持足够的安全距离，并采取可靠的安全措施。

4. 在工作人员进入燃烧室、烟道以前，应充分通风，不准进入空气不流通的烟道内部工作。检修的锅炉不应漏进炉烟、热风、煤粉或油、气。

案例精选

保护设置错误引发锅炉被迫停炉事故

某发电厂给水除氧值班员 A 在进行给水调节操作后，放开操作鼠标时，鼠标指针正好指在进行后期安装的 3 号高压除氧器低水位保护按钮的方格上。当 A 准备拿鼠标进行给水母管压力调整操作时，无意间点动鼠标，造成 1、2 号给水泵跳闸，而备用 4 号给水泵没有联动起动。锅炉由于给水泵全停，导致 1、2 号炉水位急剧下降，紧急减负荷已来不及。此时 2 号炉水位已消失，1 号炉水位降至最下限，因此被迫停止 2 号炉的运行。经查，1、2 号给水泵跳闸的原因是因为 3 号高压除氧器低水位保护动作造成的。

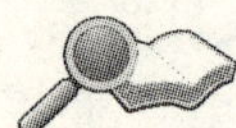

事故分析

在 DCS 上投入保护必须经授权人的批准（输入专用密码），操作人、监护人要同时输入密码才能进行投入保护的操作，而 3 号高压除氧器低水位保护只在画面上设一个按钮，无论任何人，只要用鼠标在按钮上点击就可以实施重要保护的投、退操作，这是违反保护投、退原则和程序的。所以，3 号高压除氧器低水位保护的设置是错误的。

知识与技能

锅炉工安全生产操作规程

1. 锅炉工必须经过专业培训，考试合格后并有安全操作证（特殊工种作业证），方能准许独立操作。

2. 工作前必须对锅炉内外部进行检查

（1）锅炉内部检查：检查锅炉及集箱内有无附着物及遗留杂物。

（2）关闭门孔：要把所有人孔、手孔进行密封，必要时更换密封垫。

（3）上水：打开阀门向锅炉上水，以便上水时排除锅炉内的空气，向锅炉内上水时要缓慢，水温不易过高，冬季水温应在50℃以下。

（4）炉膛内的检查：在不送入燃料的情况下，进行燃烧设备及无障碍的运行检查时，对燃煤锅炉要检查设备的运转状况及炉排的运转状况。

（5）对锅炉的压力表、水位表、安全阀、放气阀等附件必须进行检查，看有无异常。

3. 为了保证锅炉正常运行，锅炉点火时，必须进行严格的检查和充分的准备，并要下列各项完全达到要求，才能点火

（1）检查与调整锅炉水位：根据锅炉水位表调整水位，当锅炉水位低于正常水位时，应进水，当锅炉水位高于正常水位时，应通过排污来调整水位。

（2）排污试验：运行前锅炉应对排污阀门做试验，确认

良好后将阀门完全关闭，并注意不能有渗漏。

(3) 压力表检查：检查所用压力表指针是否在正常位置。

(4) 给水系统的检查：检查储水罐内的水量是否充足，给水管路及阀门是否畅通。进行手动及自动给水操作试验，确认其性能良好，动作正确。

4. 点火与升压

(1) 点火注意事项：点火时用木柴和其他易燃物引火，严禁用挥发性强的油类易燃物引火。

(2) 升压操作程序

①压力上升到 0.05～0.1 MPa 时，应冲洗水位表，冲洗要戴好防护手套，脸部不要正对水位表。

②当气压上升到 0.1～0.15 MPa 时，应冲洗压力表的存水弯管，防止污垢堵塞。

③当气压上升到接近 0.2 MPa 时，应检查各连接处有无渗漏现象。

④当气压上升到 0.2～0.39 MPa 时，应试用给水设备和排污装置，在排污前先向锅炉给水。

5. 锅炉正常运行中，保持锅炉水位稳定，维持锅炉内压力不变，需要经常调整燃烧；锅炉在正常运行时，必须经常监视压力表的指示，保持气压稳定。

6. 停炉

停止供给燃料；先停止鼓风，再停止引风；停止给水，降低压力，关闭给水阀；关闭蒸汽阀，打开疏水阀；关闭烟闸板。

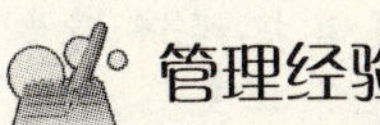

管理经验

锅炉班长岗位安全生产责任制

1. 对主管领导负责，对锅炉班的安全生产工作负直接责任。

2. 负责锅炉安全运行，保证安全供热。

3. 负责组织本班岗位人员严格按有关规程进行操作。

4. 掌握本班的设备性能技术参数，负责设备维护、保养。协助检验部门做好锅炉定检和安全附件的校验工作。

5. 负责本班的工具管理，搞好岗位卫生，达到厂区规格化。

案例精选

违规气割操作致发电机组烧毁事故

1989 年 8 月 19 日 15 时，上海某电力公司职工陈某带领民工鲁某、郑某在上海某电厂 4 号发电机组凝汽器上方进行安装凝汽器升泵出口至低加进口管道作业。作业前，陈某没有做必要的安全防范工作，既没有对作业现场认真检查是否有易燃物，也没有采取任何防止火星熔珠溅落的隔离措施。在没有安排他人监护的情况下，就进行点火气割低过管。陈等人切割下长约 600 mm 的钢管后，又用氧乙炔气割修整悬挂着的低过管截面坡口，致使火星熔珠飞溅下落，引燃 A 组凝汽器水室下方脚手架上的易燃物，烧毁竹笆，继而引燃凝汽器内壁衬胶及水坑中的易燃物，烧毁 A 组凝汽器内部钛管 7 000 余根及钛隔板，从而造成直接经济损失 196.7 万余元。

陈某在作业前没有做必要的安全防范工作，既没有认真检查作业现场，也没有采取任何的防止火星溅落的隔离措施，而且在有安排他人监护下进行作业，导致了此次事故的发生。这是一起典型的违章操作引起的重大责任事故。

《电业安全工作规程》
中凝汽器内工作的相关规定

《电业安全工作规程》（热力和机械部分）第 57 条规定："在金属容器（如汽鼓、凝汽器、槽箱等）内工作时，必须使用 24 V 以下的电气工具，否则需使用Ⅱ类（结构符号——□）工具，装设额定动作电流不大于 15 mA、动作时间不大于 0.1 s 的漏电保护器，且应设专人在外不间断地监护。漏电保护器、电源连接器和控制箱等应放在容器外面。"

施工现场气焊（割）工的注意事项

1. 施工现场气焊（割）作业，应履行三级动火申请审批手续，作业前，应根据申请审批要求，清理施焊现场

10 m 内的易燃易爆物品，并采取规定的防护措施。作业人员必须按规定穿戴劳动防护用品。

2. 气焊严禁使用未安装减压器的氧气瓶进行作业。

3. 氧气瓶、氧气表及焊割工具上，严禁沾染油脂。

4. 氧气瓶应有防震胶圈，旋紧安全帽，避免碰撞和剧烈震动，并防止暴晒。冻结应用热水加热，不准用火烤。

5. 乙炔气瓶不得平放，瓶体温度不得超过 41℃，夏季使用应防止瓶体暴晒，冬季解冻应用温水。

6. 气焊、切割现场 10 m 范围内，不准堆放氧气瓶、乙炔气瓶（乙炔发生器）、木材等易燃物品。氧气瓶与乙炔发生器的间距不得小于 10 m，与乙炔气瓶的间距不得小于 5 m。

7. 严禁在运行中的压力管道、装有易燃易爆物品的容器和受力构件上进行焊接和切割。

8. 焊接铜、铝等有色金属时，必须在通风良好的地方进行，焊接人员应戴防毒面罩或呼吸滤清器。

9. 乙炔发生器必须设有防回火的安全装置，保险链、球式浮筒必须有防爆球。

10. 乙炔发生器不得放置在电线的正下方，不得横放，检验是否漏气要用肥皂水；夜间添加电石，严禁使用明火。

11. 点火时，焊枪口不准对人；正在燃烧的焊枪严禁放在工件或地面上。带有乙炔或氧气时、严禁放在金属容器内，以防气体逸出，发生燃烧事故。

12. 不得手持连接胶管的焊枪爬梯登高。

13. 工作完毕，应将氧气瓶和乙炔气瓶的气阀关好，并拧上安全罩。乙炔浮桶提出时，头部应避免浮桶上升方向，拔出后要卧放，禁止扣放在地上，并检查作业及周围场所，确认无引起火灾危险，方准离开。

在容器内施焊时，必须采取以下措施：

1. 容器必须可靠接地，焊工与焊件间应绝缘；

2. 容器上必须有进、出风口并设置通风设备，严禁向容器内输入氧气；

3. 容器内的照明电压不得超过 12 V；

4. 焊接时必须有人在场监护；

5. 严禁在已喷涂过油漆和塑料的容器内焊接。

管理经验

焊接、切割作业中的焊、割场所采取的安全措施

1. 拆迁在易燃、易爆场所和禁火区域内，应把焊、割件拆下来，迁移到安全地带进行焊、割。

2. 隔离对确实无法拆卸的焊、割件，要把焊、割的部位或设备与其他易燃易爆物质进行严密隔离。

3. 置换对可燃气体的容器、管道进行焊、割时，可将惰性气体（如氮气、二氧化碳）、蒸汽或水注入焊、割的容器、管道内，把残存在里面的可燃气体置换出来。

4. 清洗对储存过易燃液体的设备和管道进行焊、割前，应先用热水、蒸汽或酸液、碱液把残存在里面的易燃液体清洗掉。对无法溶解的污染物，应先铲除干净，然后再进行清洗。

5. 移去危险品把作业现场的危险物品搬走。

6. 敞开设备被焊、割的设备，作业前必须卸压，开启全部人孔、阀门等。

7. 加强通风在易燃、易爆、有毒气体的室内作业时，应进行通风，等室内的易燃、易爆和有毒气体排至室外后，才能进行焊、割。

8. 提高湿度，进行冷却。作业点附近的可燃物无法搬移时，可采用喷水的办法，把可燃物浇湿，进行冷却，增加它们的耐火能力。

9. 备好灭火器材。针对不同的作业现场和焊、割对象，配备一定数量的灭火器材，对大型工程项目禁火区域的设备抢修，以及当作业现场环境比较复杂时，可以将消防车开至现场，铺设好水带，随时做好灭火准备。

10. 对焊、割件内部的可燃气体含量，各种易燃易爆物质的闪点、燃点、爆炸极限进行技术测定，在安全、可靠情况下才能进行焊、割。

案例精选

发电机滑环环火引发事故

2005 年 1 月 8 日 19 时 45 分，某电厂运行值班员进行接班前检查，3 号发电机碳刷滑环运行正常，滑环冷却风温正常（27℃左右）。20 时 28 分，运行巡检人员发现 3 号发电机碳刷打火，确认后立即汇报给值长，并立即采取降无功及有功负荷措施进行处理。20 时 34 分，机组无功负荷降至 10 MVar、有功负荷降至 120 MW，因环火严重，处理无效，值长令打闸停机，构成事故。

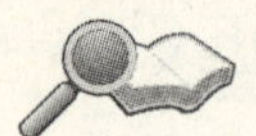

事故分析

运行人员处理电火花故障的安全组织措施和技术措施落实不到位，运行过程中没有对碳刷温度、碳刷电流分布情况进行有效监测，是引发碳刷着火的主要原因。

法规标准

《电力安全生产工作规定》中安全检查的相关规定

《电力安全生产工作规定》第 39 条规定："电力生产企业应根据情况进行定期和不定期安全检查。

春季和秋季安全大检查应根据本地区、本单位的实际情况，结合季节特点和事故规律每年进行一次，查思想、查规程制度、查隐患、查薄弱环节。

安全检查前应明确检查重点，编制检查提纲或'安全检查表'，经主管领导审核批准后执行。

安全检查应贯彻'边检查、边整改'的原则，一时没有条件解决的问题，应制订整改计划，责成专人限期解决，对发现的重大及以上隐患，领导要组织评估并尽快决定治理方案和应急措施等。"

知识与技能

防止发电机滑环环火的措施

1. 在生产现场配备测温表和直流钳表，运行值班员定期测量每个碳刷温度及碳刷电流，并对发电机滑环、碳刷、

压簧进行一次全面、系统的检查，将消除碳刷火花的被动管理形式改为控制碳刷电流分配和温度的主动管理形式。碳刷电流控制在10～90 A，刷体温度控制在不大于80℃，及时消除电流不平衡、气膜、氧化膜、卡阻等因素，保证碳刷在强平衡状态工作。

2. 定期用小型风机吹扫刷架各部位，减少积灰。碳刷磨损掉1/3后，必须更换，并且采用同型号、同厂家、同形式的产品。运行中出现个别碳刷断辫，可先减小励磁电流，若出现环火，则大幅度减小励磁电流，调整碳刷电流，平衡后再换碳刷。

3. 在初次起动检修更换碳刷后的机组时，由检修人员对发电机滑环、碳刷、压簧进行一次全面检查，确保碳刷可靠运行；机组有检修机会时将滑环、碳刷架拆洗干净。

4. 新碳刷使用前打磨，以保证碳刷与滑环表面接触良好；压簧使用前应检查其压力，确认均匀，检查卡入刷握内的卡口，无弹出现象，压簧无断裂现象，无退火现象。

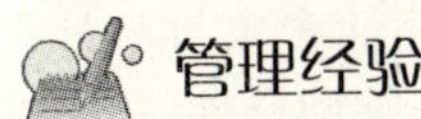

管理经验

发电机的日常检查

1. 电池组的检查。由于备用电源不是经常投入使用，发电机是否能正常启动，关键在于电池的维护保养。如电池组出现了问题，比较常见的情况是：有电压无电流，这时可以听到启动电机内电磁阀吸合的声音，但带不动连轴。电池组出现问题导致无法停机的原因有：（1）在试机时采用停止为电池充电的方式，会导致电池电量不足。（2）采用机械油泵由皮带传动，额定转速下的泵油量很大，然而电池组供电不足，导致停机时截流阀里的弹簧片由于电磁阀吸力不够而不能封死从 4 个出油孔喷出的燃油，造成不能停机。(3) 国产电池通常寿命为两年，没有定期更换。

2. 启动电磁阀的检查。发电机在运行时，人们总结出“一看、二听、三摸、四嗅”的一套检查方法。启动时的听，是一个很重要的步骤。以美国原装康明斯发电机为例，只需按下起动按钮，三秒钟之后，即可起动。在这三秒钟之内可听到两个“咔嗒”声。一旦听不到第二声响，就要检查启动电磁阀是否正常工作，若电磁线圈烧断，发电机当然就不能起动。

3. 柴油、润滑油的检查。因为机组长期处于静态，机组本身各种材料会与机油、冷却水、柴油、空气等发生复杂的化学、物理变化，从而将机组“放”坏。为此应注意油的问题。为了消防安全，通常都把柴油油箱放在一个密闭的房间内，由于大气中水汽因温度的变化而发生冷凝现象，结成水珠挂附在油箱内壁，流入柴油中，致使柴油含水量超标，这样的柴油进入柴油机高压油泵，会锈蚀精密耦合件——柱塞，严重损坏机组。发电机润滑油是有保存期的，长时间存放，润滑油的物理化学性能会发生变化，造成机组工作时润滑状态恶化，容易引起发电机机件损坏。

案例精选

处置不当造成锅炉灭火放炮事故

某日，某电厂运行中的 10 号锅炉司炉听到警铃响，发

现水位低，负荷直接下降到120T/H，并且听到响一声，便立即停止甲、乙两侧排粉机，控制水位，请示值长关闭主汽门，停炉后检查发现甲侧过热器处的炉墙约20 m^2、前墙汽包上面的炉墙约10 m^2、烟道后顶棚约有30 m^2 的炉墙有不同程度的损坏，申请调度批准停炉抢修，经水压试验后检查承压部件完好，检查本体钢梁无变形，抢修后恢复备用。

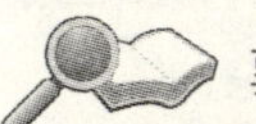

事故分析

经调查，现场没有灭火保护装置，事故前负荷150T/H，压力9.4 MPa，汽温540℃，燃烧比较薄弱，个别火嘴来粉不正常，另外炉子又刚除完灰，炉膛温度较低，造成放炮。另外，司炉执行防止灭火打炮措施不利，发生事故处理时不果断也是导致事故发生的重要原因。

法规标准

《电业安全工作规程》中
电力生产消防设施的相关规定

《电业安全工作规程》（热力和机械部分）第17条规定："生产厂房及仓库应备有必要的消防设备，例如：消火栓、水龙带、灭火器、砂箱、石棉布和其他消防工具等。消防设备应定期检查和试验，保证随时可用。不准将消防工具移作他用。"

知识与技能

锅炉点火升压中的安全事项

1. 锅炉点火前必须对汽水系统、风烟系统、燃烧系统、锅炉本体和辅机进行全面检查，确认完好。各阀门处在点火前正确位置，风机和水泵的冷却水流畅，润滑正常、安全附件齐全、好用，才可进行点火准备工作。

2. 为使锅炉各部件冷热均匀、胀缩一致，进水点火升压和停炉都要求缓慢进行。例如，夏季进水时间应不小于 1 h，冬季应不小于 2 h；从点火到并炉投入运行的时间，火管式锅炉应在 5～6 h，水管式锅炉不得少于 3～4 h，快装锅炉不得少于 0.5 h。夏季可取较小值，冬季或长期停用及修理改造后的锅炉则应适当延长；正常停炉一般要求在停炉 12 h 以上才准打开炉门、灰门以冷却炉膛。

3. 对于油炉、燃气炉以及炉膛内可能积聚可燃气体的锅炉，要求点火前务必先行通风。通风时燃烧室负压应维持 5～10 mm 水柱（－49～－98 Pa），时间不少于 5 min，以防点火时发生炉膛爆炸。上述锅炉若点火不着或着火后熄灭需要重新点火时，按同样要求通风后方可引入火种。

4. 新装或检修后的锅炉，点火升压后汽压在 0.294～0.490 MPa 下允许对拆动过的螺栓紧一次。紧螺栓时应保持汽压稳定，逐只对称上紧；用力要均匀，不准用加长手柄的方法拧螺栓；站位应得当，防止万一蒸汽外泄而烫伤。

5. 送汽前应将蒸汽管系统暖管，以防水击和产生过大温度应力造成管道损坏。冷态蒸汽管道暖管时间一般不少于

2 h，高压蒸汽管道的暖管尤应缓慢，温升宜控制在 2～3℃/min。

6. 并炉时应具备燃烧稳定、运行正常、蒸汽品质合格以及压力低于蒸汽母管气压 0.049～0.098 MPa（高压炉为 0.196～0.294 MPa）的条件。

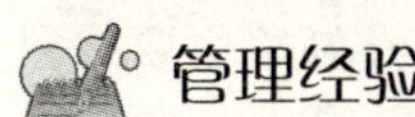

管理经验

锅炉的危险因素分析及对策措施

1. 锅炉发生事故的主要危险因素有

（1）锅炉灭火放炮

锅炉灭火放炮是指锅炉灭火后，炉膛中积存的可燃混合物瞬间爆燃，使炉内压力突然升高，超过了炉墙设计承受能力，而造成冷壁、刚性梁及炉顶、炉墙破坏的现象。锅炉灭火放炮严重影响安全经济运行，进而造成巨大经济损失。

（2）锅炉炉管爆漏、受热面腐蚀

锅炉水冷壁、过热器和省煤器管道爆漏约占全部锅炉设备事故的 40%～60%，甚至 70%，引起锅炉炉管爆漏的原因较多，其中腐蚀、过热、焊接质量差是主要原因。

锅炉受热面的腐蚀主要是管外的腐蚀和水品质不合格引起的管内化学腐蚀。当腐蚀严重时，可导致腐蚀爆管事故发生。

过热器是锅炉承压受热面中温度最高的部件，而汽侧换热效果又相对较差，所以过热现象多出现在这个受热面中。受热面过热后，管材金属温度超过允许使用的极限温度，发生内部组织变化，降低了许用应力，管子在内压力下产生塑性变形，使用寿命明显减少，最后导致超温爆破。因此，超温意味着降低安全系数或减少使用寿命，应严格控制蒸汽温度的上限。

锅炉主体是由焊接组装起来的，每个受热面的每一根管子都有多个焊口，一台大型锅炉整个受热面焊口数量多的达几万个。而受热面又是承受高压的设备，焊接缺陷主要有裂纹、未焊透、未熔合、咬边、夹渣、气孔等，这些缺陷存在于受热面金属基体中，使基体被割裂，产生应力集中现象。在介质内压作用下微裂纹的尖端、末焊透、未熔合、咬边、夹渣、气孔等缺陷处的高应力逐渐使基体开裂并发展成宏观裂纹，最终贯穿受热面管壁导致爆漏事故。因此，焊接质量的好坏对锅炉安全运行有着重大的影响。

2. 对策措施

（1）各类安全附件保持完好、灵敏可靠。

（2）操作人员持证上岗。

（3）严格执行安全操作规程。

（4）定期对锅炉进行检验，对主要承压部件进行探伤检查。

（5）做好交接班记录、班中巡回检查记录。

（6）强制水循环采用备用电源。

（7）保证锅炉水质质量符合要求。

（8）加强设备管理和维护、完善灭火保护装置、加强运行管理。

（9）加强制度管理，在锅炉大修、小修和临修中，负责对受热面磨损、管外腐蚀、胀粗和撕裂等情况做定期、有计

划的检查。

（10）应建立化学监督体系保证减少或减缓管子内部腐蚀、结垢造成的爆漏。

（11）应建立金属监督体系在材料、焊口检验等方面开展防磨防爆工作。

（12）采用与锅炉相匹配的煤种，是防止炉膛结焦的重要措施。

（13）炉膛结焦情况，一旦发现结焦，应及时处理。

（14）受热面及炉底等部位严重结渣，影响锅炉安全运行时，应立即停炉处理。

二、变电环节常见事故案例分析

案例精选

某 110 kV 变电站带电合接地开关恶性电气误操作事故

2005 年 12 月 24 日，某变电站按工作计划处理 110 kV 鹤榕线间隔 TA（代指电流互感器）的渗漏缺陷，需将 110 kV 鹤榕线 125 号断路器由运行转检修。11 时 10 分，李某（监护人）、庍某（操作者）持操作票开始执行“110 kV 鹤榕线 125 号断路器由运行转检修”的操作任务，当两人执行完“在 110 kV 鹤榕线线路侧 1254 号隔离开关靠 TA 侧验明确无电压”（第 14 项）项目后，李某下达了“合上 110 kV 鹤榕线 TA 侧 125C0 接地开关”（第 15 项）命令，庍某正确复诵无误后，未核对设备名称、编号及位置，走到了 110 kV 鹤榕线线路侧 12540 号接地开关机构旁边，同时也未核对五防编码锁编号，即用解锁钥匙打开了锁在 12540 号接地开关操作把手上的编号为“12540”的五防锁。此时李某未跟随操作人员并监护其解锁过程，也未再次核对设备名称及编号，而是仍然站在 125C0 设备标示牌前。11 时 29 分，庍某操作合上了 110 kV 鹤榕线线路侧 12540 号接

地开关，因线路带电，当接地开关的动触头接近带电静触头时，造成 110 kV 鹤榕线三相接地短路，并造成其他变电站不同程度跳闸、失压事故。

经现场调查，事故造成该站鹤榕线 12540 号接地开关触头轻微灼伤，不影响运行，操作人员未受伤，损失负荷约 35 000 kW，损失电量约 0.642 kWh。

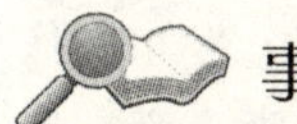

事故分析

经过调查分析，造成这起事故的原因如下：

1. 监护人和操作人违反 DL408－1991 第 22 条的规定，且没有认真执行操作之前“三对照”中“对照设备名称和编号无误后再操作”的要求，监护人唱票没有核对设备名称、编号和位置，操作人员复诵也没有再次核对，以致走错位置，是该事故发生的直接原因。

2. 微机“五防”装置没有配备后备电源，因站用电停电推出运行，造成整个操作过程都要使用解锁钥匙解锁操作，失去防止电气误操作的技术防范，也是事故发生的主要原因。

3. 110 kV 鹤榕线 TA 侧 125C0 接地开关标示牌的位置不准确，处于 125C0 接地开关和 12540 号接地开关中间，没有正对 125C0 接地开关操动机构，会使操作人员产生错觉，这也是事故发生的原因之一。

法规标准

《电业安全工作规程》中关于电气检修的法规

《电业安全工作规程》（发电厂和变电所电气部分）第22条规定："开始操作前，应先在模拟图板上进行核对性模拟预演，无误后，再进行设备操作。操作前应核对设备名称、编号和位置，操作中应认真执行监护复诵制。发布操作命令和复诵操作命令都应严肃认真，声音洪亮清晰。必须按操作票填写的顺序逐项操作。每操作完一项，应检查无误后做一个'√'记号，全部操作完毕后进行复查。"

知识与技能

倒闸操作注意事项

倒闸操作应坚持操作之前"三对照"（对照操作任务和运行方式填写操作票、对照模拟图审查操作票并预演、对照设备名称和编号无误后再操作）；操作之中"三禁止"（禁止监护人直接操作设备、禁止有疑问时盲目操作、禁止边操作边做其他无关事项）；操作之后"三检查"（检查操作质量、检查运行方式、检查设备状况）。

管理经验

电气倒闸操作管理

为进一步提高现场电气倒闸操作的准确性、安全性、可靠性。杜绝误操作事故的发生，根据《电业安全工作规程》

及现场培训的需要，电气运行职工操作时必须严格按此标准执行。

步骤	内容	标准	备注
1. 接受命令	班长（代理班长职务的值班员）才能接受值长的调度命令	应用调度术语、操作术语，并高声复诵无误；准确理解掌握操作目的、意图	一般不得直接接受省调、区调的操作命令
2. 准备操作票（卡票）	班长下令操作人填写操作票（或准备操作卡票），必须交代清楚操作目的、条件、意图，操作前后设备的状态	（1）填票人必须掌握操作目的、意图，清楚操作方式 （2）填票前后应认真核对模拟图板及设备实际状态 （3）一张操作票只能填写一个操作任务 （4）每个操作顺序只能填写一项操作项目 （5）操作票（卡票）应使用钢笔或圆珠笔填写，必须保持字迹清楚、工整，操作动词、设备名称、编号不得涂改，个别错别字刮改不得超过三处，且字迹要清楚 （6）操作项目严格按规定的操作顺序填写，不得颠倒	卡票填写： 必须是操作内容、操作条件（方式）完全符合，才能使用典型票 如典型票中有一项或两项二次回路的小闸刀等因其他原因不操作，可以使用典型票，但应记入运行值班记录簿内

续表

步骤	内容	标准	备注
3. 审核	操作人填写好操作票后应认真审核，确认无误、合格后签上姓名 审票人（监护人）必须根据有关规定逐字逐句、逐项审核，确认准确无误后审核人签上姓名 班长审核签名 遇重大操作（如发电机并网、系统解并列）应由值长审核签名		上一班填用的操作票，本班原则上不准使用，必须由本班人员填写 在操作票审查过程中发现有错误，审票人不得自行修改，应加盖“作废”章，并由班长下令操作人重新填票，重新履行审核手续
4. 操作前的考问和布置安全注意事项	正式下令操作前班长对操作的监护人、操作人进行操作过程的考问，布置安全注意事项，交代安全措施		例：2＃厂变高压侧接三相短路接地线一副。应考问： 此接地线应接在哪个间隔？ 应接在该间隔的内侧还是外侧？ 交代不能误入612＃开关间隔和发电机压变间隔等
5. 操作前的准备	监护人应检查操作人的准备情况（钥匙、万用表、校灯、接地把手、标示牌、绝缘手套、熔丝拔子、闭锁钥匙等）	钥匙由监护人保管	

续表

步骤	内容	标准	备注
6. 正式下令	班长将监护人、操作人同时喊到班长桌前下令："现在是×时×分下令操作××××"监护人必须高声清晰复诵	此时对本次操作如有疑问必须立即提出 下令时，监护人和操作人必须同时在场	
7. 模拟操作	班长在模拟图板前对操作中涉及的电气一次设备的操作，按操作顺序演示。监护人、操作人应进行模拟演示一遍，对操作票确认正确后由班长填写操作开始时间	班长布置后，监护人必须带着操作人模拟，以熟悉操作的全过程	
8. 操作路上	操作人和监护人应同时走向（下一个）操作地点	走出控制室必须戴安全帽 操作人走在前、监护人走在后 操作过程中不准谈与操作无关的话，不准闲谈、打闹	
9. 高声唱票	（1）操作人（监护人）到需操作设备处站立，监护人检查确认所操作设备位置正确 （2）操作人、监护人双方共同对需操作设备进行"三核对"（核对设备命名编号、设备的实际状态、拉合方向） （3）核对结束，监护人按操作票的顺序高声唱票	监护人不准无故代替操作人操作 操作中不准更换操作人和监护人 监护人唱票时，眼看着操作票内容念，操作人用眼光盯着，监护人唱票应逐字高声念唱。 监护人严禁凭记忆唱票。 严禁不唱票、会意操作或唱半截票；不讲术语	

续表

步骤	内容	标准	备注
10. 高声清晰复诵	监护人唱票后，操作人应核对需操作设备命名编号、实际状态以核对所发操作指令是否正确 操作人认为监护人所发命令无误后，用手指该项操作的把手，做手势，并进行高声清晰复诵	复诵前一定要核对设备命名编号 严禁有票不看，塞在口袋里或搁在一边进行操作	检查的项目不复诵，应对所检查项目仔细检查，确认符合要求后用肯定的形式回答
11. 实际操作逐项勾票	监护人认为复诵无误、手指部位正确，即发出“对，执行”的口令 操作人从监护人手里接过钥匙，打开防误“闭锁”进行实际操作 每项操作完毕后，监护人在该项操作的顺序号上（钩格内）画“√”操作人看到监护人打钩后，操作人、监护人按上述步骤进行下一项操作，直到该操作任务完成 操作检查合格后，操作人取出钥匙交给监护人	夜间操作必须带手电筒 不准隔项操作 操作及完成前不准打“√” 每项操作完毕，操作人、监护人应共同检查操作结果。 检查中发现不正常情况或疑问应立即停止操作，汇报班长经同意后方可继续操作 操作完一项内容必须检查闭锁装置动作正常。 不准随意解除防误闭锁进行操作，若遇防误闭锁失灵，应立即停止操作，汇报班长，按有关规定执行 开关及闸刀机构箱、配电箱、端子箱门应关严。 绝缘隔板使用前应将浮灰擦尽 操作中不准更改和索性不用操作票进行操作	在执行一个操作任务中，由于某种原因二中途停止的操作应及时向班长回报操作终止的项目，班长必须记录清楚，该操作票作为已执行的操作票统计 拆接 110 kV、220 kV 的三相短路接地线必须由三人进行并至少有两位男职工 合上闸刀时必须要检查三相刀头确已进入刀口，并接触良好 开关站使用绝缘杆或梯子应注意安全距离

续表

步骤	内容	标准	备注
12. 汇报操作完成	全部操作结束操作人、监护人共同核对所操作设备状态进行一次全面检查 更改并核对模拟图板。 监护人记录操作终结时间 由监护人向班长汇报“×时×分，×××操作已完成”并简要汇报主要操作主要内容 操作人将钥匙、工具、用具对号放回原处	操作过程中发现的问题必须向班长汇报清楚，以便班长完整记录、汇报	
13. 签销操作票，做好记录	监护人汇报操作任务，完成后在操作票右上角盖“已执行”章，交班长 班长应根据内容如实记录于运行日志中	班长必须根据汇报情况如实记录，如有不十分清楚的地方，必须亲自到就地进行检查	
14. 总结评价	监护人与操作人应在“备注”栏中对本次操作进行评价 在操作无差错记录簿上做好记录		

下列操作可不开操作票：

事故处理（时间允许应开票）；

拉合开关的单一操作；

投入或解除某一保护或重合闸的一块压板

案例精选

某220 kV变电站送电恶性电气误操作事故

2004年12月2日8时38分，地调人员潘某打电话询问该变电站运行值班负责人阮某确认110 kV河园甲线181线路处于检修状态后，通知阮某准备一份甲线恢复送电的操作票。运行值班负责人兼该份操作票的监护人阮某审核完毕编号为0040237～0040238号、操作任务为110 kV河园甲线181由线路检修状态转运行状态的操作票后，误认为该项操作是地调已批准执行的综合操作令，在未向调度请示的情况下，擅自开始执行该操作票。8时45分，拉开该站河园甲线线路侧18140接地开关后，操作人刘某提醒监护人阮某是否需要向调度汇报经地调同意后再操作，阮某向刘某解释地调已下综合令，可以直接完成整项操作，不执行操作票第4项“上述操作完毕报地调”及第5项“以地调令执行以下操作”。在合上河园甲线181间隔的线路侧1814、Ⅱ号母线侧1812隔离开关后，操作人刘某再次提醒监护人阮某向地调报告待批准后才可以合河园甲线181断路器，阮某说是综合令并继续要求按操作票顺序操作。9时01分，合上该站河园甲线181断路器，因110 kV另一变电站110 kV河园甲线线路侧接地开关在合闸位置，该站110 kV河园甲线181断路器距离手合后加速及零序不灵敏Ⅰ段保护动作，断路器跳闸切除故障，所幸事故未对人身、系统和电气设备造成影响，20时43分，110 kV河园甲线及两侧断路器间隔设备经检查试验合格后恢复送电运行。

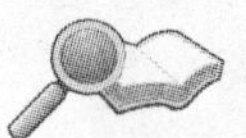

事故分析

经过调查分析，造成事故的原因如下：

1. 值班负责人兼监护人阮某安全意识非常淡薄，麻痹大意，接调度电话精神不集中，把地调非常清晰的预备令错误理解成是可以操作的综合调度令。

2. 操作过程中，值班负责人兼监护人阮某在操作人按操作票顺序的要求提醒要向地调汇报的情况下，仍然坚持继续操作，违反 DL408—1991 中“操作发生疑问时，应立即停止操作并向值班调度员或值班负责人报告，弄清问题后，再进行操作”。

3. 变电运行安全管理工作不到位，安全生产责任制未能真正落实到位，未树立起与“违章、麻痹、不负责任”三大安全敌人作长期斗争的信念，习惯性违章未得到杜绝。

法规标准

《电业安全工作规程》中关于电气检修的法规

《电业安全工作规程》（发电厂和变电所电气部分）第 24 条规定：操作中发生疑问时，应立即停止操作并向值班调度员或值班负责人报告，弄清问题后，再进行操作。不准擅自更改操作票，不准随意解除闭锁装置。

知识与技能

工作负责人（监护人）的安全责任

监护人应正确安全地组织工作，负责检查工作票所列安全措施是否正确完备和是否符合现场实际条件，必要时予以补充，工作前对工作班成员进行危险点告知（什么地方有电，与带电部位能否有可能接触，能否有感应电，二次回路中没有停完的操作电源、信号电源等），交代安全措施和技术措施，并确认每一名班组成员都知道、听懂，严格执行工作票所列安全措施，严禁随意拆除或移动安全措施，如有必要拆除，移动必须征得值班调度及运行值班员（工作许可人）的同意后方可拆除、移动，工作结束后一定要把拆除、移动的安全措施，按原样装好。督促、监护工作班成员严格遵守《电力安全工作规程》，正确使用劳动保护用品、防护用具、执行现场安全措施，掌握工作班成员的思想动态是否良好，变动是否适合。

工作票许可手续完成后，工作负责人、负责监护人应向检修工作班成员交代工作内容、人员分工、带电部位和现场安全措施，进行危险点告知，并履行确认手续，检修工作班方可开始工作，工作负责人、专责监护人应始终在现场，对检修工作班成员的安全认真监护，及时纠正不安全行为。

工作期间，工作负责人若因故暂时离开检修工作现场，应指定能胜任的检修工作人员临时代替，离开前应将检修工作现场的工作交代清楚，并告知检修工作人员。原工作负责人返回检修工作现场时，也应履行同样的交接手续，若工作

负责人必须长时间离开检修现场，应由原工作票签发人变更检修工作负责人，履行变更手续，并通知检修工作班全体成员及工作许可人。原、现检修工作负责人应做好必要的交接手续。

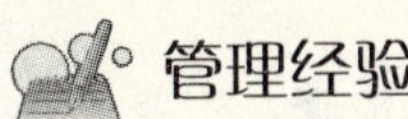

管理经验

电气设备检修原则及方式

1. 电力设备检修的原则

设备检修是为了保持或恢复设备规定的能力而采取的技术活动。管好、用好、修好电力设备，保证现代化设备在使用过程中经常处于良好状态，满足生产需要，并使检修费用降低则是检修工程要求达到的目的。搞好电力设备检修，是保证设备安全、经济运行，提高设备可用系数，充分发挥设备潜力的重要措施，是设备全过程管理的一个重要环节。各级管理部门和每一个检修工作者都必须充分重视检修工作，提高质量意识，自始至终坚持“质量第一”的思想，切实贯彻“应修必修，修必修好”的原则。

2. 电力设备检修的方式

（1）大修

大修是工作量较大、时间较长的一种计划检修，对设备全部解体、对部分零件进行修复、改造、更换，处理缺陷，恢复设备原有的技术参数要求，使设备的效力达到原设计的标准。常规的大修项目均按检修工艺中的规定，主要包括三部分：首先进行全面的检查，对部分零件还应解体、清理和修整；其次消除设备中的缺陷、更换易损件和不合格部件；

最后进行必要的测试，作出技术鉴定。特殊项目根据具体情况来确定，如更换易损件、含大修进行完善化改造，完成反措等项目。大修是按一定的运行周期和断路器切断规定的开断电流次数决定的。

(2) 小修

小修是工作量较少、时间短的一种计划检修，主要设备不解体。目的是消除大修后运行中所发现的新缺陷和磨损部件，从而进行电气预防性试验，为编写大修计划、确定所修项目和要求做好准备。也是对大修的补充，以便在两个大修期间保证电气设备的安全运行。

(3) 临时检修

临时检修是指定期大小检修以外、需将设备停运的检修。从安全经济运行考虑，应尽量减少和避免临时检修次数。但在运行中，如开断电流次数已达到规定值或发生威胁安全运行的缺陷以及发生故障后，必须及时安排临时检修。临时检修的项目目前没有规定，要根据现场情况，事故跳闸的性质等临时决定。

案例精选

测试避雷器致高压触电事故

2002年3月29日9时许，某水电公司工程部修试所季某率职工聂某、朱某从县城去某35 kV变电站进行设备预防性试验，途经一水电站时，在该站吃午饭。季某、聂某连同该电站陪同人员8人共喝了2斤白酒。饭后到达35 kV变电站，在未办理工作票、准备工作不完善的情况下就开始进

行设备试验和测量工作。首先对变电站内安全防护用具进行耐压试验，结束后测量 35 kV 避雷器泄漏电流。由于人员不足，季某直接安排该变电站外线工赵某（无测试技能、无测试人员进网作业证）帮助测试工作。在 35 kV 绝缘棒顶端夹接引下线接入电流表，电流表另一端用导线与接地体连接。季某负责指挥和监护，聂某负责读表并记录，朱某负责用绝缘塑料带拉住引下线，以防接近其他物体，赵某操作绝缘棒接触避雷器。在绝缘棒接触 C 相避雷器下接头包箍时，电流表指针不动。当时季某考虑可能是电流表电池用完了，就叫聂某换电池，换好电池后重新测 C 相避雷器，当赵某把绝缘棒顶端放到第一次接触避雷器的位置上时，电流表还是不动。这时季某、聂某均提出将绝缘棒向上移动一下，赵某便错误地把绝缘棒移至避雷器最上端（此处对地电压为 20 kV），这时季某正好蹲在地上，右手背误碰电流表与接地体的连接线，发生高压触电，朱某、赵某发现季某右手、胳膊上放电弧。季某叫了一声，就侧倒在地上，昏迷不醒。赵某当即把绝缘棒扔掉，使季某脱离了电源。紧接着对季某进行人工呼吸、心肺按压抢救，但季某终因抢救无效死亡。

事故分析

经调查证实：由于操作人员误将绝缘棒触头触及避雷器顶盖（高压带电体），死者右手误碰电流表与接地体之间的测量连接导线，导致了这起事故的发生。事故主要有以下 5 个方面的因素造成：

1. 工作人员酒后作业，埋下了事故隐患；

2. 随意安排无测试常识的外线抄表收费人员参与测试工作，是造成事故的重要因素；

3. 工作负责人的违章指挥和操作人员的错误操作行为是事故的主要原因；

4. 死者右手误碰电流表与接地体之间的连接导线，是造成事故的直接原因；

5. 该水电公司工程部在这次设备预防性试验中，未按规定履行安全管理职责，未作专项安全技术交底和检查，以致出现工作人员未办理工作票、未携带绝缘皮垫、未穿戴绝缘防护用具等违规现象，是造成这次人身触电死亡事故的间接原因。

法规标准

《电工安全操作规程》中关于电工资格的法规

《电工安全操作规程》第1条规定："从事电气工作的人员，必须各部感官无严重缺陷。经有关部门培训考试鉴定合格，持有国家劳动安全监察部门认可的《电工操作上岗证》才能进行电气操作。"

第4条规定："工作前应详细检查自己所用工具是否安全可靠，穿戴好必需的防护用品，以防工作时发生意外。"

知识与技能

电工绝缘安全用具

绝缘安全用具包括绝缘杆、绝缘夹钳、绝缘靴、绝缘手

套、绝缘垫和绝缘站台。绝缘安全用具分为基本安全用具和辅助安全用具，前者的绝缘强度能长时间承受电气设备的工作电压，能直接用来操作带电设备，后者的绝缘强度不足以承受电气设备的工作电压，只能加强基本安全用具的保护作用。

1. 绝缘杆和绝缘夹钳。绝缘杆和绝缘夹钳都是绝缘基本安全用具。绝缘夹钳只用于 35 kV 以下的电气操作。绝缘杆和绝缘夹钳都由工作部分、绝缘部分和握手部分组成。握手部分和绝缘部分用浸过绝缘漆的木材、硬塑料、胶木或玻璃钢制成，其间由护环分开。配备不同工作部分的绝缘杆，可用来操作高压隔离开关，操作跌落式保险器，安装和拆除临时接地线，安装和拆除避雷器，以及进行测量和试验等项工作。绝缘夹钳主要用来拆除和安装熔断器及其他类似工作。考虑到电力系统内部过电压的可能性，绝缘杆和绝缘夹钳的绝缘部分和握手部分的最小长度应符合要求。绝缘杆工作部分金属钩的长度，在满足工作要的情况下，不宜超过 5～8 cm，以免操作时造成相间短路或接地短路。

2. 绝缘手套和绝缘靴。绝缘手套和绝缘靴用橡胶制成。二者都作为辅助安全用具，但绝缘手套可作为低压工作的基本安全用具，绝缘靴可作为防护跨步电压的基本安全用具。绝缘手套的长度至少应超过手腕 10 cm。

3. 绝缘垫和绝缘站台。绝缘垫和绝缘站台只作为辅助安全用具。绝缘垫用厚度 5 mm 以上、表面有防滑条纹的橡胶制成，其最小尺寸不宜小于 0.8 m×0.8 m。绝缘站台用木板或木条制成。相邻板条之间的距离不得大于 2.5 cm，以免鞋跟陷入；站台不得有金属零件；台面板用支持绝缘子与地面绝缘，支持绝缘子高度不得小于 10 cm；台面板边缘不得伸出绝缘子之外，以免站台翻倾，人员摔倒。绝缘站台最小尺寸不宜小于 0.8 m×0.8 m，但为了便于移动和检查，最大尺寸也不宜超过 1.5 m×1.0 m。

管理经验

35 kV 配变避雷器测试注意事项

35 kV 配变避雷器，因其数量多、分布面广、运行维护条件差、现场试验困难，往往容易造成试验超周期或漏试、误判断等现象，从而给配电变压器及 35 kV 系统运行带来不安全隐患。为消除这些隐患，在配变避雷器试验时，应注意以下问题。

1. 合理安排试验时间

在确定配变避雷器试验时间上，应尽量避开日常生产检修高峰期，分点、分面地合理安排，避免由于集中试验造成工时紧、人员疲劳，导致误判、漏判等现象发生。配变避雷器在试验过程中，容易受到空气湿度、表面脏污等外界因素的影响，给试验的分析、判断带来困难。因此，试验应选择晴好天气进行，并使避雷器表面保持清洁干燥，避免外瓷套表面泄漏电流影响试验结果，从而造成误判断现象。

2. 选择合适的限流电阻

在普通阀型避雷器（FS－10）的工频放电试验回路中，通常应选择合适的限流电阻来控制放电电流，避免避雷器因不能自行灭弧而导致间隙烧坏。其阻值的选定一般以放电电

流控制在0.7 A左右为宜。限流电阻的阻值选取过小，致使放电电流过大，容易损坏避雷器间隙。而阻值选取过大，则避雷器间隙虽然开始放电，但由于放电电流过小，致使电弧不能稳定形成，直到电压进一步升高，间隙形成稳定击穿，此时表计才会反映，从而造成测量放电电压高于真实放电电压的现象，导致把工放电压偏低的避雷器误认为合格。此外，同一避雷器前后2次工放试验间隔时间不宜过短，应让间隙有充分的时间去游离。应用机械表计测量工放电压时，升压速度不宜过快，防止因表计惯性造成读数误差。

3. 加强氧化锌避雷器的定期试验

在农网改造中，氧化锌避雷器因其优良的电气性能，而逐步取代了普通阀型避雷器。由于目前生产厂家众多，产品工艺、质量参差不一。因此，除了严格把握配变氧化锌避雷器的进货和交接试验两大关口外，还要注意加强定期试验。新投的氧化锌避雷器，由于已经经过一段时间的运行和气象环境的考验，所以第一次试验尤为重要。此次试验周期不宜过长，以防止出现缺陷的避雷器继续运行，危及电网和配变的安全。

4. 注意氧化锌避雷器的防潮问题

35 kV配变氧化锌避雷器，一般密封措施相对简单，因而防潮能力相对薄弱。有关统计数据表明，质量、工艺较差的避雷器，出现受潮性质缺陷的概率较高。顺便指出，进行直流试验，尤其是对无间隙氧化锌避雷器，通过进行直流1 mA下的临界动作电压以及75%该电压下的电流两项指标的考核，对发现避雷器受潮显得较为明显有效。

5. 加强对避雷器运行情况的统计分析

应根据避雷器的缺陷类型、生产厂家等情况做好分类统计、分析工作，对同一生产厂家、同一生产批次不合格率高的避雷器，应密切注意，加强定期检测工作，确保电网和配变的安全运行。

案例精选

检修人员误登带电开关造成触电死亡事故

1996年10月9日，某热电厂电气变电班班长安排工作负责人王某及成员沈某和李某对甲开关（35 kV）进行小修，甲开关小修的主要内容是：（1）擦洗开关套管并涂硅油。（2）检修操作机构。（3）清理A相油渍。并强调了该项工作的安全措施。

工作负责人王某与运行值班人员一道办理了工作许可手续，之后王某又回到班上。当他们换好工作服后，李某要求擦油渍，王某表示同意，李即去做准备。王对沈说："你检修机构，我擦套管"。随即他俩准备去检修现场，此时，班长见他们未带砂布即对他们说："带上砂布，把辅助接点擦一下。"沈某即返回库房取砂布，之后向检修现场追王某，发现王某已到与户李开关相临正在运行的户城开关（35 kV）南侧准备攀登。沈某就急忙赶上去，把手里拿的东西放在乙开关的操作机构箱上，当打开操作机构箱准备工作时，突然听到一声沉闷的声音，紧接着发现王某已经头朝东脚朝西摔趴在地上，沈某便大声呼救。此时其他同事在班里也听到了放电声，便迅速跑到变电站，发现王某躺在乙开

关西侧，人已失去知觉，马上开始对王进行胸外按压抢救。约 10 min 后，王苏醒，便立即送往医院继续抢救。但因伤势过重，经抢救无效于 10 月 17 日凌晨 5 时死亡。从王某的受伤部位分析得知，王某的左手触到了带电的户城开关(35 kV）上，触电途经左手——左腿内侧，触电后从 1.85 m 高处摔下，将王戴的安全帽摔裂，其头骨、胸椎等多处受伤。

事故分析

经过调查分析，当工作负责人王某和沈某到达带电的乙开关处时，既未看见临时遮栏，也未看见“请勿在此工作!”标示牌，更未发现开关西侧有接地线。根本未核对自己将要工作的开关，到底是不是在 20 min 前和电气值班员共同履行工作许可手续的开关，就贸然开始检修工作，其安全意识淡薄是造成这起事故的主要原因。

法规标准

《电业安全工作规程》中关于电气检修人员的法规

《电业安全工作规程》（发电厂和变电所电气部分）第 51 条对工作班成员的安全责任规定：“应认真执行规程和现场安全措施，互相关心施工安全，并监督本规程和现场安全措施的实施。”

第 54 条规定：“完成工作许可手续后，工作负责人（监护人）应向工作组人员交代现场安全措施，带电部位和其他注意事项。”

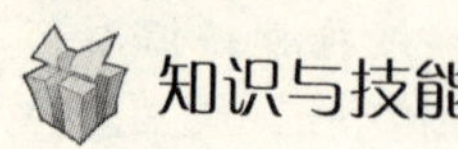

知识与技能

触电的急救措施

触电事故发生后，必须不失时机地进行急救，尽可能减少损失。触电急救的要点为：动作迅速方法正确，使触电者尽快脱离电源是救治触电者的首要条件。

1. 低压触电时使触电者脱离电源的方法

（1）如果电源开关或电源插头在触电地点附近，可立即拉开开关或拔出插头，切断电源。但应注意拉线开关和平开关只能控制一根线，有可能只切断零线，而火线并未切断，没有达到真正切断电源的目的。

（2）如果电源开关或电源插头不在触电地点附近，可用有绝缘柄的电工钳或有干燥木柄的斧头切断电源线，断开电源；或用干木板等绝缘物插入触电者身下，隔断电源。

（3）当电线搭落在触电者身上时，可用干燥的衣服、手套、绳索、木板、木棒等绝缘物作工具，拉开触电者或挑开电线，使触电者脱离电源。

（4）如果触电者的衣服很干燥，且未曾紧缠在身上，可用手抓住触电者的衣服，拉离电源。但因触电者的身体是带电的，其鞋子的绝缘也可能遭到破坏，救护人员不得接触触电者的皮肤，也不能触摸他的鞋子。

2. 高压触电时使触电者脱离电源的方法

（1）立即通知有关部门停电。

（2）戴上绝缘手套、穿上绝缘靴，用相应电压等级的绝

缘工具拉开开关。

(3) 抛掷裸金属线使线路短路接地，迫使保护装置动作，断开电源。抛掷金属线前，应注意先将金属线一端可靠接地，然后抛掷另一端，被抛掷的一端切不可触及触电者和其他人。

上述使触电者脱离电源的办法，应根据具体情况，以快速为原则选择采用。

3. 救护中的注意事项

(1) 救护人员不可直接用手或其他金属或潮湿的物件作为救护工具，而必须使用干燥绝缘的工具。救护人最好只用一只手操作，以防自己触电。

(2) 要防止触电者脱离电源后可能摔伤，特别是当触电者在高处的情况下，应考虑防摔措施。即使触电者在平地，也要注意触电者倒下的方向，以防摔倒。

(3) 要避免扩大事故。如触电事故发生在夜间，应迅速解决临时照明问题，以利于抢救。

(4) 人触电以后，会出现神经麻痹、呼吸中断、心脏停止跳动等征象，外表上呈现昏迷不醒的状态，但不应认为是死亡，而应该看做是“假死”，有条件时应立即把触电者送医院急救；若不能马上送到医院，应立即进行现场急救，现场急救方法主要指口对口（鼻）人工呼吸法和胸外心脏挤压法。对于与触电同时发生的外伤，应分情况酌情处理，对于不危及生命的轻度外伤，可以在触电急救之后处理；对于严重的外伤，应与实施人工呼吸和胸外心脏挤压的同时处理，如伤口出血，应予以止血，为了防止伤口感染，最好进行包扎。

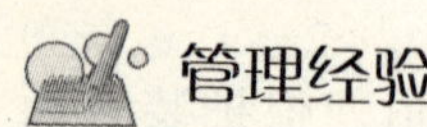

管理经验

电气安全作业人员的职责

在电气安全方面电工作业人员应熟记并自觉地履行以下各项职责：

1. 无证不准上岗操作；如果发现非电工人员从事电气操作，应及时制止，并报告领导。

2. 严格遵守有关安全法规、规程和制度，不得违章作业。

3. 对管辖区电气设备和线路的安全负责。

4. 认真做好巡视、检查和消除隐患的工作，并及时、准确地填写工作记录和规定的表格。

5. 架设临时线路和进行其他危险作业时，应完备审批手续，否则应拒绝施工。

6. 积极宣传电气安全知识，有权制止违章作业和拒绝违章指挥。

案例精选

某变电站220 kV母带接地线合闸送电恶性误操作事故

2004年6月18日8时至20日18时为某“变电站220 kV母联2101隔离开关更换”计划工作时间，工作票延期到21日18时。21日16时25分，220 kV母联2101隔离开关更换工作结束，并经验收合格。汇报省调。17时15

分，省调令该变电站将220 kV的Ⅰ组母线由检修转为运行状态，所有负荷恢复至正常方式运行。

17时20分，该变电站开始执行4007850号操作票，操作任务是“220 kV的Ⅰ组母线由检修转为运行”，监护人于某，操作人员罗某某。操作中拆除2021隔离开关靠Ⅰ组母线侧8号接地线一组、拆除2041隔离开关靠Ⅰ组母线侧9号接地线一组，拉开21019接地开关，监护人于某、操作人员罗某某共同检查220 kV Ⅰ组母线并确认Ⅰ组母线上所有接地线已拆除、接地开关已拉开。18时27分，操作至第20项“合上母线210断路器”时，220 kV母线充电保护动作，母联210断路器跳闸，220 kV故障录波器启动，220 kV母线保护屏上出口跳闸灯亮。事故后值班员立即对220 kV的Ⅰ组母线进行反复检查，当进一步检查到母联210断路器间隔时，发现母联电流互感器靠2101隔离开关侧4号接地线未拆除，且三相均已烧断，电流互感器三相金属底座有电弧灼伤痕迹；故障持续时间为120 ms，220 kV母线充电保护动作行为正确，站内其他设备无异常。发生事故时，低压保护动作甩负荷约150 MW，10 min后恢复。

事故分析

经过调查分析，造成这起事故的原因如下：

1. 操作票漏项。填写操作票前，未认真对照值班记录、工作票，对现场实际安全措施没有全面掌握，操作票中漏填“拆除母联电流互感器靠2101隔离开关侧4号接地线一组”项目。

2. 现场设备检查不到位。在进行倒闸操作前，只对220 kV 的Ⅰ组母线上安全措施进行了检查，而未对母联210间隔设备的安全措施进行检查。

3. 操作票审核把关不严。值班负责人对操作票的审核不认真，导致操作票中出现漏项未及时发现。

4. 变电值班人员安全意识淡薄。在工作中存在“违章、麻痹、不负责任”行为，严重违反“两票三制”，未认真执行安全规程、标准和制度的有关规定，未对省调所下达的综合令结合现场设备状态做认真分析，盲目操作。

5. 企业生产现场的安全管理和安全监督不到位，安全管理、班组管理、运行管理上存在差距。

6. 用户低电压保护整定值未按照系统要求（要求整定到2 s）进行整定。

法规标准

《电业安全工作规程》中关于电气操作票的法规

《电业安全工作规程》（发电厂和变电所电气部分）第20条规定：“下列项目应填入操作票内：应拉合的断路器（开关）和隔离开关（刀闸），检查断路器（开关）和隔离开关（刀闸）的位置，检查接地线是否拆除，检查负荷分配，装拆接地线，安装或拆除控制回路或电压互感器回路的熔断器（保险），切换保护回路和检验是否确无电压等。操作票应填写设备的双重名称，即设备名称和编号。”

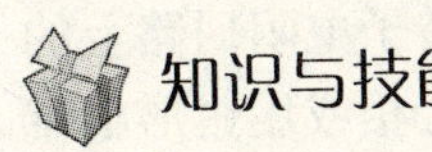

两票三制

所谓电气作业的“两票三制”是指“工作票、操作票；交接班制、巡回检查制、设备定期试验与轮换制。”

在电气设备上进行的工作应根据具体工作内容和需要填写工作票或应急抢修单。工作票的形式有以下 11 种：

①变电站（发电厂）第一种工作票；

②变电站（发电厂）第二种工作票；

③变电站（发电厂）电气检修工作票；

④变电站（发电厂）带电作业工作票；

⑤变电站（发电厂）事故应急抢修单；

⑥变电站（发电厂）动火票；

⑦变电站（发电厂）临时用电工作票；

⑧变电站（发电厂）登高作业票；

⑨变电站（发电厂）有限空间作业票；

⑩电力电缆第一种工作票；

⑪电力电缆第二种工作票。

填写第一种工作票的工作为：在高压设备上工作需要全部停电和部分停电、二次系统和照明等回路上的工作、需要将高压设备停电或作安全措施，高压电力电缆必须停电的工作，其他工作需要将高压设备停电或做安全措施者。

填用第二种工作票的工作为：控制盘和低压配电盘、配电箱、电源干线上的工作，二次系统和照明等回路上的工作，需要将高压设备停电者或者安全措施者，转动中的发动机、同期调相机的励磁回路或高压电动机转子电阻回路上的工作，非运行人员用绝缘棒和电压互感器定相或用钳形电流表测量高压回路的电流，不可能触及带电设备导电部分的工作，高压电力电缆不需要停电的工作。

填用带电作业工作票的工作为：带电作业或邻近带电设备距离小于设备不停电时的安全距离的工作。

填用事故应急抢修单的工作为：事故紧急情况下不用填写工作票，但必须填写事故应急抢修单。

填写动火票及临时用电工作票的工作为：在工业企业的装置区内检修，且装置区易燃、易爆、高温、高压场所的炼化企业在检修时需用电焊机、潜水泵、手持电动工具等能产生火花时，必须办理临时用电票及动火作业票。

填写有限空间作业票的工作为：进入变电站、发电厂的地下电缆沟时需办理有限空间作业票以防有毒、有害气体进入电缆沟，造成人身伤亡事故。

案例精选

电网因雷击导致停电事故

2003 年 9 月 9 日，拉萨市电网羊湖电站至西郊变电站 110 kV 输电线路因雷击跳闸，羊西线输送功率转移至环网线路，引起墨竹工卡电站至拉萨城东变电站线路开关过流保护跳闸，拉萨地区电网与羊湖电站、日喀则电网、山南电网解列，拉萨地区电网失去约 53 MW 的外部送入功率。电网安全自动装置动作切除 11 条 10 kV 馈线，低频低压减载装置动作切除 20 条 10 kV 馈线，共切除负荷 39 MW，但全网

有 17 条馈线低频低压减载装置达到起动定值但拒动（负荷 13.7 MW）。由于拉萨地区电网仍存在 14 MW 的功率缺额，功率缺额达 36.84%，引起电网频率、电压急剧下降，造成羊八井地热电厂、纳金电厂、平措电厂相继解列，造成拉萨地区大面积停电的重大电网事故。

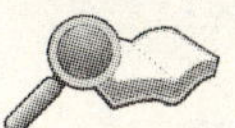

事故分析

羊湖至拉萨 110 kV 双回输电线路遭雷击发生单相接地故障是造成此次事故的直接原因。此外，墨竹工卡变电站墨城线 042 开关过流Ⅱ段保护定值偏小，在相关部门要求施工单位退出该保护并修改定值后，未能及时执行，致使羊西双回 110 kV 线路雷击跳闸后，该保护误动跳闸，造成拉萨电网解列，出现大功率缺额，最终导致电网全停。因此，墨竹工卡变电站墨城线 042 开关误动是造成此次事故扩大的重要原因。

法规标准

《中华人民共和国电力法》第三章第 18 条规定：“电力生产与电网运行应当遵循安全、优质、经济的原则。电网运行应当连续、稳定，保证供电可靠性。”第三章第 19 条规定：“电力企业应当加强安全生产管理，坚持安全第一、预防为主的方针，建立、健全安全生产责任制度。电力企业应当对电力设施定期进行检修和维护，保证其正常运行。”

知识与技能

如何降低雷击电网事故

1. 架设避雷线。架设避雷线是输电线路防雷保护的最基本和最有效的措施。避雷线的主要作用是防止雷直击导线。

2. 降低杆塔接地电阻。电阻可以减小雷击杆塔时的电位升高，这是配合架设避雷线所采取的一项有效措施。

3. 安装线路型氧化锌避雷器。氧化锌避雷器的工作原理是：雷击杆塔时，一部分雷电流通过避雷线流到相邻杆塔，另一部分雷电流经杆塔流入大地，杆塔接地电阻呈暂态电阻特性，一般用冲击接地电阻来表征。

4. 完善线路杆塔接地装置。组织线路人员进行杆塔接地电阻、土壤电阻率测量和检查接地装置的完好性。对雷击重点线路进行接地电阻普查测量，根据普测的情况对雷击重点区域，雷击频发性杆塔接地装置进行重点改造；对变电站终端及连续 5 基杆塔接地电阻不合格的进行重点改造，降低接地电阻。对线路接地引下线被盗严重的区域杆塔接地引下线采用扁钢作为引下线进行改造，确保杆塔全年接地可靠。

5. 架设辅助架空地线。辅助架空地线是自边导线挂点处至架空地线距离杆塔 30 m 处之间安装一根架空线，可防止杆塔发生绕击，增大导线屏蔽效果，并起耦合作用。

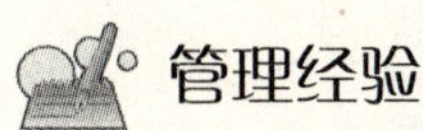

管理经验

变电站设备管理制度

1. 对于站内设备进行设备评级可分为一类、二类、三类。每季度末由站长带领当值值班员评定。

2. 对于评定的设备要作为评级资料保存。

3. 对于站内设备按值班员划分管理设备，按时定期工作，对设备勤检查、勤打扫必要卫生。发现缺陷后，正确分析，填写《设备缺陷记录》。

4. 设备在大、小修后，值班员要经过验收无疑后，方可办理完工手续和检修交代。

5. 发现有影响运行的设备，值班员要及时向站长和调度以及有关部门汇报。

6. 发现设备异常，未采取措施而造成事故者，应追究有关人员责任。

案例精选

某 220 kV 站街变电站恶性电气误操作事故

2004 年 6 月 21 日，某市南供电局 220 kV 站街变电站工作人员在 220 kV 母联 2101 隔离开关更换后投运过程中，未拆除母联电流互感器靠 2101 隔离开关侧 4＃接地线，当合上母联 210 断路器后，220 kV 母线充电保护动作，母联 210 断路器跳闸，母联电流互感器三相均烧断，故障持续时间 120 ms。这是一起典型的带接地线合闸送电的恶性电气误操作事故。

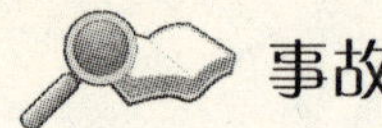

事故分析

在这起事故中，负责人对操作票的审核不认真，导致操作票中漏填“拆除母联电流互感器靠 2101 隔离开关侧 4＃接地线一组”项目并未及时发现，是造成事故的直接原因。此外，现场设备检查不到位，在进行倒闸操作前，只对 220 kV 的Ⅰ组母线上安全措施进行了检查，而未对母联 210 间隔设备的安全措施进行检查，是造成事故的间接原因。

法规标准

《国家电网公司电力安全工作规程》中第 51 条关于工作负责人（监护人），作出如下规定：

（1）正确安全地组织工作；

（2）负责检查工作票所列安全措施是否正确完备和工作许可人所做的安全措施是否符合现场实际条件，必要时予以补充；

（3）工作前对工作班成员进行危险点告知，交代安全措施和技术措施，并确认每一个工作班成员都已知晓；

（4）严格执行工作票所列安全措施；

（5）督促、监护工作班成员遵守本规程，正确使用劳动防护用品和执行现场安全措施；

（6）工作班成员精神状态是否良好，变动是否合适。

知识与技能

防止恶性误操作十大禁令

1. 严格执行调度管理规程，严禁发布无释义的综合令。

2. 严格执行调度发、受令有关规定，严禁不具备资格的人员发、受调度指令。

3. 严格履行操作票“三审”手续，严禁未经审核直接使用操作票进行操作。

4. 严格执行操作票有关规定，严禁擅自更改操作票内容，严禁跳项、倒项、添项、漏项操作。

5. 严格执行倒闸操作有关规定，严禁不具备操作资格的人员进行电气操作，严禁监护人直接操作设备，严禁有疑问时盲目操作，严禁边操作边做其他无关事项。

6. 严格执行配网自停自送操作规定，严禁未经调度同意进行自停自送操作。

7. 严格执行防误闭锁装置管理规定，严禁值班员随意使用解锁钥匙进行倒闸操作。

8. 严格执行刀闸操作有关规定，严禁用刀闸拉合带负荷的线路及设备。

9. 严格执行验电、接地有关规定，严禁未经检验确认无电压就挂接地线或合接地刀闸。

10. 严格执行接地线管理规定，严禁带接地刀闸或接地线送电。

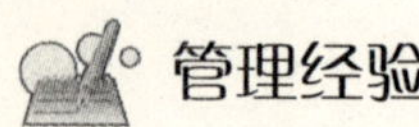

管理经验

班组长工作票制度

1. 每天上班的班组长必须在本单位填写班组长工作票登记记录，对号领取班组长工作票。

2. 班组长工作票由入井班组长随身携带，本人亲自填写，不得由别人代填。

3. 开工前由当班工作面采掘班组长、安检员、瓦检员联合检查验收，符合开工标准后方可开具工作票生产。在生产过程中要认真排查安全隐患及存在的问题，并提出处理意见，由当班工长签字并落实整改措施。

4. 本班结束后，填写班末安全状况，并提出处理意见，由工长签字确认，整改后方可交接班。本班未处理完的交给下一班继续处理，在未处理合格之前，下一班不允许开工，升井后，将当班工作票交回本单位统计汇总，上报安监处。

5. 交接人是持票人的上一班次，接班人是持票人的下一班次，三班班组长必须现场交接班，三人填写，严禁一人代签，不得弄虚作假，否则严肃考核。

6. 开工前、生产中、结束后当班班组长一定要认真填写，不得敷衍了事，否则发生事故，由当班班组长负全部责任。

7. 当班存在的隐患必须立即停下来进行整改，若整改不了，必须立即撤出现场作业人员，并向矿调度汇报。

8. 对当月不按规定时间上交，出现迟交、晚交安监处的，安监处将进行严肃考核。

案例精选

意外致变电站开关电容损坏事故

2007 年 1 月 4 日，某变电站电试人员在进行 5053 开关试验时，当 A 相试验结束后，电试人员将绝缘棒举起，准备取下换接回路电阻试验接线时，由于风大棒重（绝缘棒长约 10 m 左右），突然脚下一闪，绝缘棒向东发生倾斜，电试人员顺势往东踉跄几步，到围栏边时，绝缘棒脱手，绝缘棒正好靠近 5063 开关 C 相，致使 5063 开关 C 相均压电容损坏，500 kV 的Ⅱ母上的母差保护动作，Ⅱ母上所有开关跳开。

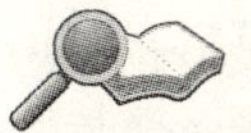

事故分析

在本事故中，电试工作人员荆某未认真履行自己的安全职责，在对 5053 开关 A 相试验时，对工作环境、工具使用等未采取有效的危险点控制措施是造成此次事故的直接原因。此外，电试小组对工作中的危险点未能提出有效的控制措施，对危险性较大的工作没有很好地协助和配合，未能做到相互关心施工安全也为事故的发生埋下了隐患。

法规标准

《电力安全工作规程》（发电厂和变电所电气部分）中第 54 条规定：“工作票许可手续完成后，工作负责人、专责监护人应向工作班成员交代工作内容、人员分工、带电部位和现场安全措施，进行危险点告知，并履行确认手续，工作班方可开始工作。工作负责人、专责监护人应始终在工作现场，对工作班人员的安全认真监护，及时纠正不安全的行为。”

知识与技能

电气设备安全操作及危险点预测

电气操作的主要危险形式为电击、电伤、电磁场伤害，其中电击是最重要、最易发生的危险。电气操作的危险点是指在操作中有可能发生危险的地点、部位、工器具或动作等。

电气操作的危险点预测是指在操作前对操作中可能存在的危险点进行分析判断，并采取相应措施消除或控制，防止在操作过程中发生人身、电网、设备事故，实施超前控制的方法之一。

操作的危险点生成有下列几种情况：

1. 伴随着操作活动而生成的危险点，随着操作结束，危险点也随之消失；

2. 操作时伴随着特殊天气变化而生成的危险点，天气变好，危险点也不再存在；

3. 设备制造或维修不良，存在缺陷，在操作时潜伏的缺陷就会变成现实的危险；

4. 违章操作直接生成的危险点；

5. 人本身存在的心理和生理缺陷，如不够镇定、听错觉、视错觉等。

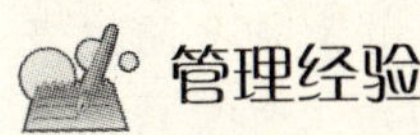

安全施工检查制度

1. 查领导是否坚持“安全第一、预防为主”的安全施工（生产）方针，是否把安全工作列入重要议事日程并付诸实施；是否做到“五同时”，以及各级领导安全施工责任制的落实情况。

2. 查各项安全管理制度和账、表、册、卡的建立及执行情况，查安监部门和其他有关部门的安全管理效能；查安全网络组织和活动情况；查工地和班组安全管理工作。

3. 查施工现场存在的事故隐患，查违章违纪，查安全设施及安全标志的设置，查文明施工情况。

4. 查事故处理是否真正做到了“四不放过”；是否按照有关规定进行调查、处理、统计和上报。

5. 对安全检查中发现的重大问题，应填写“安全文明施工整改通知单”分送有关单位限期处理。对重大或涉及施工现场全局的问题，应同时抄送报上级主管部门备案。

案例精选

典型的恶性电气误操作事故

2005 年 11 月 11 日，某 110 kV 变电站值班员收到工作任务为“对 10 kV 的Ⅱ组电容器 062 开关及 CT 进行检查试验”的工作票。工作负责人所要求做的安全措施是：拉开 062 开关和 0622、0623 刀闸，合上 06229 接地刀闸，在

0623 刀闸与 062 开关之间挂接地线一组。由于 062 间隔及Ⅱ组电容器已在检修状态，因此值班员接到该工作票后需进行的操作仅是在 0623 刀闸与 062 开关之间挂接地线一组。但实际上值班员却是将接地线挂在柜后 0623 刀闸的出线电缆侧，且装设该接地线时也未按规定开操作票。

另外，在Ⅱ组电容器处还有一项工作是“10 kV 的Ⅱ组电容器进行安装”。要求采取的安全措施是：拉开 062 开关和 0622、0623 刀闸，合上 06229、0629 接地刀闸。交接巡视检查中未巡视到 10 kV 的 062 开关柜后面（挂接地线处），同时也未按规定检查柜内安全工器具、接地线等。交接班双方均未发现，在交接班记录中有“在 0623 刀闸与Ⅱ组电容器电缆之间挂有接地线一组”的安全措施。当两项工作结束后，接班正值将该间隔两项工作已办理工作终结和检修人员要投运Ⅱ组电容器观察的要求汇报地调。地调经与该正值班员核实两项工作全部结束、Ⅱ组电容器可以投入运行后，命令“将 10 kV 的Ⅱ组电容器由检修转热备用”。值班正值（监护人）即持操作任务为“将 10 kV 的Ⅱ组电容器由检修转运行”（与调度令不符）的操作票与副值（操作人）开始操作。操作完前 9 项后，值班正值向地调汇报已将 10 kV 的Ⅱ组电容器由检修转热备用。地调命令“合上 10 kV 的Ⅱ组电容器 062 开关”。当操作人根据监护人命令合上Ⅱ组电容器 062 开关时（远方遥控操作），听到 10 kV 室有爆炸声。

事故分析

事故发生后，检查后台机发现，062 开关保护动作跳

闸，主变低压侧复合电压闭锁方向过流Ⅰ、Ⅱ段动作跳母联010和2号主变012开关。据现场检查情况分析，062开关爆炸系值班员漏拆0623刀闸与Ⅱ组电容器电缆之间的接地线，造成带接地线合062开关所致。交接班记录漏项，未记录检修现场装设的接地线。值班人员填写和审查操作票时未认真对照工作票和检修现场。而事故的间接原因主要有：交接班设备巡视检查不到位，未发现检修现场装设的接地线；检修工作结束时未到现场验收，再一次错过发现装设接地线的机会；操作前和操作过程中未认真检查检修现场，又一次错过发现装设接地线的机会；交班人员装设接地线时未按规定填写操作票，也是接班值班员未能发现装设地线的原因之一；开关柜后门未设置机械闭锁，以防止闭锁后门未关时进行操作。

法规标准

《电工安全操作规程》中挂接地线的有关操作规程

《电工安全操作规程》第三部分第6条规定："应在施工设备各可能送电的方面皆装接地线，对于双回路供电单位，在检修某一母线刀闸或隔离开关、负荷开关时，不但同时将两母线刀闸拉开，而且应该施工刀闸两端都同时挂接地线。"

第7条规定："装设接地线应先行接地，后挂接地线，拆接地线时其顺序与此相反。"

第8条规定："接地线应挂在工作人员随时可见的地方，并在接地线处挂'有人工作'警告牌，工作监护人应经常巡查接地线是否保持完好。”

知识与技能

防止发生电气误操作安全技术措施

1. 值班负责人交代工作任务时要做到“三交”，即：交代工作任务；交代安全措施；交代注意事项。

2. 接受任务时要做到“四明确”，即：明确工作任务；明确操作步骤；明确安全措施；明确注意事项。

3. 严格执行“两票”规定，禁止无票操作（事故处理除外）。

4. 操作人要正确填写操作，监护人及值班负责人要按操作票审批程序进行审查并在操作票上签字。

5. 操作前应根据操作票认真进行模拟操作，并将正确的操作步骤输入电脑钥匙。

6. 操作时要严格执行监护制度，对于重大操作要实行双人监护制，同时应执行公司规定的“重大操作管理人员到位制度”。

7. 操作前要认真核对设备位置、名称及编号，操作中要认真执行“唱票复诵制”，操作人只有在得到监护人的许可后方可进行操作。

8. 监护人在操作中禁止进行操作，要始终不离操作人的左右，要切实起到监护作用；操作人在操作时，不得进行与操作无关的事情。

9. 在操作中遇到疑问时，应立即停止操作，并向值班负责人询问，弄清楚后再进行操作，严禁擅自更改操作票或

解除闭锁装置。

10. 操作时要使用合格的工器具，要按规定使用安全防护用具。

11. 电气设备的防误闭锁装置必须完善、可靠，不得随意退出运行，发生缺陷时要及时进行消除，即使是一时消除不了的，也必须严格执行防误闭锁管理办法。

12. 电气设备送电前必须检查其防误闭锁装置完好，禁止将防误闭锁装置不完善的设备投入运行。

13. 在DCS上进行拉、合开关的操作时，必须在得到确认后方能操作。

14. 要严格执行“防误闭锁装置管理办法”，防误闭锁装置的解锁钥匙必须按规定保管，使用解锁钥匙时，必须得到值班负责人和值长的同意，并做好记录。

管理经验

挂接地线注意事项

挂接地线（指临时接地线）是电气工作中常使用的一项重要安全技术措施，特别是准备在服役的电气设备上进行检修时，只有做完挂接地线的安全措施后，才能被允许开始工作。接地线是保护检修人员不可缺少的安全屏障，由于使用简单，经常容易被忽视，甚至会失去了挂接地的安全保护效果。

1. 接地线的工作原理及参数

接地线作用就是将大地的零点电位与电气设备相连接，使所检修的电气设备始终处于安全电位，防止突然来电对工作人员和设备的侵害，电流经过接地线短接直接流入大地。要使电流顺利短接，就要求降低接地线上各环节相关的电阻的参数，也就是减小接地线自身电阻、线具的接触电阻、土壤电阻和接地棒与土壤面的接触电阻。合格的接地线应该是用优质导体铜材料制作，因此只要接地线夹具接触面平整、干净，夹具吻合、紧固，线径符合要求，其自身电阻值及线具接触电阻值是很小的，可以忽略不计；而接地电阻就要看现场人员实际操作技能，其参数大小差异很大，若接地电阻太大，则所连接的电气设备就不是零电位（或不会接近零电位），有可能导致严重触电，所以，实际工作中必须引起足够重视！

2. 挂接地线的不正确行为及其纠正方法

（1）线路中的接地线

常使用的便携式短路接地线都配有专门的接地线夹（具）、接地棒，接地棒是做临时性接地极用，使用时应先打入地表层，一般在线路作业时应用比较多。从接地线实际使用情况看来，不少人图省事方便，喜欢将接地桩打在松散的土质中；或者简单地认为，只要打入接地桩就行了；还有的片面理解为将接地棒打入地面 60 cm，另一端挂在电气设备上，而忽视挂接地的真实效果，即如何降低接地线回路的接地电阻，减少通过事故电流的阻力。

（2）土壤电阻率对接地电阻的影响

接地电阻大小与土壤电阻有关，其中 ρ——土壤电阻率（Ω·m）是衡量土壤阻值的主要数据。如有机黏质土为 10，砂质黏土为 100，黄土为 250，沙土是 500，多石土壤则是

1 000，而岩石高达 10 000，高低相差几千倍。线路越长其地质成分越复杂，如岩石层（风化石、半风化石）、砼地面（水泥地面、人行道板）等地表层，还有受气候影响的冰冻层，这类地表层的物理性能是黏结差、土壤电阻率高，即使是把接地棒按规定打入地面 60 cm，接地电阻也难符合要求；加上工人打柱过程中，因土质坚硬难打入而产生晃动，加大了接地棒的金属表面与地表间的空隙，不能与地层面有效接触，还会增大接触电阻，减少接地线的分流能力。

（3）打接地桩注意事项

为减少土壤电阻和接触电阻，使检修线路可靠接地，在打接地桩时，要选择黏质性强的、有机质多的、潮湿的实地表层，避开过松散、坚硬风化、回填土及干燥的地表层。冬季时，应先去掉表冻结的土壤，再打入接地桩；在较松散土质上挂完接地线后，再补打一下接地桩，消除挂接地过程中引起接地桩的松动。当然，若条件允许，更好的方法是将接地线具牢固地钳夹在接地引下线（也叫防雷引下线）上；或者是直接固定在镀锌的铁塔上，同样因接地电阻大的原因，也不能将接地线钳夹在线路的拉线和金属管道上。

3. 电气一次设备检修的接地线

在电气一次设备检修需要挂接地线时，通常将接地线夹在设备的金属构架上，因此在变电站、发电厂、开关站、配电室等电气运行场所，都有系统接地装置和接地点，可供挂接地线时直接使用。但现场的设备金属构架、避雷接地引线、设备接地线等大部分金属材料，多是采用容易生锈的铁件，所以需要定期防腐处理，这些铁件通常都刷上多道油漆。许多人往往会忽略这类情况，经常把接地线挂在已刷上油漆的铁件上，同样不能达到有效接地。因为在接地线的金属线夹与现场构件的铁件之间不能有效接触，被多层绝缘油漆阻碍，形成较大的接触电阻（见下图），而每毫米厚油漆面可耐高达 10 kV 电压，等于没有接地，显然，在油漆的铁杆上挂接地的方法更具有危害性。造成这种现象的原因之一是现场周围很难找到没油漆的金属件，虽然《电业安全工作规程》对此操作要求应先清理油漆面，但这样做，一是会破坏铁件的防腐层；二是清除油漆面时间短、操作难，效果也就不佳，因此在实际工作中很少做到。类似变电站、电厂、开关室等一次设备的电气工作场所，应该按地域设置一些分布均匀、专用的接地线挂接点，做上专挂接地线醒目标志，并注明不得刷漆，方便检修、试验作业时挂接地线用，挂接地的接点材料，可用铝制金属、热镀锌的铁件材料代替，既不会被腐蚀又能可靠接地，若现场周围确定都是难以清除的油漆金属构件，可采用打接地桩方式，更为妥当。

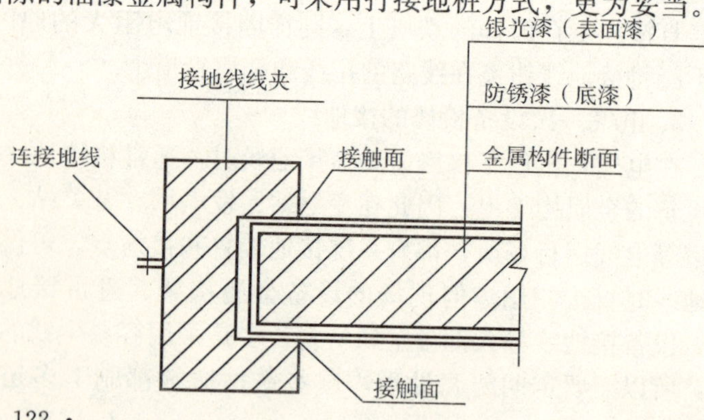

案例精选

未拆接地保护线合闸致电弧灼伤事故

1994年4月6日下午3时许，某厂671变电站运行值班员接班后，312油开关大修负责人提出申请要结束检修工作，而值班长临时提出要试合一下312油开关上方的3121隔离刀闸，检查该刀闸贴合情况。于是，值班长在没有拆开312油开关与3121隔离刀闸之间的接地保护线的情况下，擅自摘下了3121隔离刀闸操作把柄上的“已接地”警告牌和挂锁，进行合闸操作。突然“轰”的一声巨响，强烈的弧光迎面扑向蹲在312油开关前的大修负责人和实习值班员，2人被弧光严重灼伤。

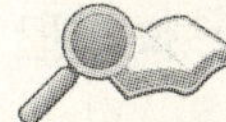

事故分析

事故是由于两根接地线烧坏时产生的电弧光。两根接地线是裸露铜丝绞合线，操作员用卡钳卡住连接在设备上时，致使一股线接触不良，另一股绞合线还断了几根铜丝。所以，当违章操作时，强大的电流造成短路，不但烧坏了3121隔离刀闸，而且其中一股接地线接触不良处震动脱落发生强烈电弧光，另一股绞合线铜丝断开处发生强烈电弧光，两股接地线瞬间弧光特别强烈，严重烧伤近处的2人。

法规标准

《电工安全操作规程》中接地线的相关规定

《电工安全操作规程》第三部分第6条规定："应在施工设备各可能送电的方面皆装接地线，对于双回路供电单位，在检修某一母线刀闸或隔离开关、负荷开关时，不但同时将两母线刀闸拉开，而且应该施工刀闸两端都同时挂接地线。"

《电力设备典型消防规程》第91条规定："线路的停送电均应按照值班调度员或有关单位书面指定的人员的命令执行。严禁约时停、送电。停电时，必须先将该线路可能来电的所有断路器（开关）、线路隔离开关（刀闸）、母线隔离开关（刀闸）全部拉开，用验电器验明确无电压后，在所有线路上可能来电的各端装接地线，线路隔离开（刀闸）操作把手上挂'禁止合闸，线路有人工作！'的标示牌。"

知识与技能

电烧伤的特点及处理方式

1. 临床上对电损伤的分类

（1）全身性损伤，称电击伤。其皮肤损伤轻微，主要损害心脏（低电压），引起血液动力学剧烈改变。可发生电休克甚至心跳呼吸骤停。

（2）局部损伤，电流在其传导受阻的组织产生热力，造成组织蛋白凝固或炭化、血栓形成等，称电烧伤（高电压）。此类病人全身症状较轻。

2. 电烧伤的特点

皮肤损伤分为“入口”和“出口”损伤，（“入口”即触电部位），两者都为Ⅲ度烧伤，入口烧伤程度重于出口处。电烧伤的深部损伤范围常远远超过皮肤入口处，故早期难以确定。电烧伤 24 h 以后，入口处周围开始发红，范围逐渐扩大，局部皮肤或肢端发生坏死，肢体肿胀向近侧或外周蔓延。容易并发感染，可发生湿性坏疽，脓毒血症，甚至气性坏疽，造成肢体严重损伤，甚至截肢。浅部坏死组织脱落后，损伤的血管外露，可发生严重的反复出血。

3. 电烧伤急救

使病人迅速脱离电源。发生电休克，呼吸心跳骤停者，应即行人工呼吸和体外心脏按压，抢救生命。保护创伤部位，镇静止痛，方法与热烧伤相同，但心理安慰较热烧伤更显重要。

管理经验

接地线使用注意事项

1. 工作之前必须检查接地线。软铜线是否断头，螺钉连接处有无松动，线钩的弹力是否正常，不符合要求应及时掉换或修好后再使用。

2. 挂接地线前必须先验电，未验电挂接地线是基层中较普遍的习惯性违章行为，而验电的目的是确认现场是否已停电，能消除停错电、未停电的人为失误，防止带电挂接地线。

3. 在工作段两端，或有可能来电的支线（含感应电、可能倒送电的自备电）上挂接地线。实际工作中，常忽略用户倒送电、感应电的可能，深受其害的例子不少。

4. 在打接地桩时，要选择黏结性强的、有机质多的、潮湿的实地表层，避开过于松散、坚硬风化、回填土及干燥的地表层，目的是降低接地回路的土壤电阻和接触电阻，能快速疏通事故大电流，保证接地质量。

5. 不得将接地线挂在线路的拉线或金属管上。其接地电阻不稳定，往往太大，不符合技术要求，还有可能使金属管带电，给他人造成危害。

6. 要爱护接地线。接地线在使用过程中不得扭花，不用时应将软铜线盘好，接地线在拆除后，不得从空中丢下或随地乱摔，要用绳索传递，注意接地线的清洁工作，预防泥沙、杂物进入接地装置的孔隙之中，从而影响正常使用的零件。

7. 新工作人员必须经过对接地线使用的培训、学习，考核合格后，方能单独从事接地线操作或使用工作。

8. 按不同电压等级选用对应规格的接地线。这也是容易发生习惯性违章之处，地线的线径要与电气设备的电压等级相匹配，才能通过事故大电流。

9. 不准把接地线夹接在表面油漆过的金属构架或金属板上。这是在电气一次设备场所挂接地线时常见的违章现象。虽然金属与接地系统相连，但油漆表面是绝缘体，油漆厚度的耐压达 10 kV/mm，可使接地回路不通，失去保护作用。

10. 严禁使用其他金属线代替接地线。其他金属线不具

备通过事故大电流的能力，接触也不牢固，故障电流会迅速熔化金属线，断开接地回路，危及工作人员生命。

11. 现场工作不得少挂接地线或者擅自变更挂接地线地点。接地线数量和挂接点都是经过工作前慎重考虑的，少挂或变换接地点，都会使现场保护作用降低，使人处于危险的工作状态。

12. 接地线具有双刃性，它具有安全的作用，使用不当也会产生破坏效应，所以工作完毕要及时拆除接地线。带接地线合开关会损坏电气设备和破坏电网的稳定，会导致严重的恶性电气事故。

13. 接地线应存放在干燥的室内，要专门定人定点保管、维护，并编号造册，定期检查记录。应注意检查接地线的质量，观察外表有无腐蚀、磨损、过度氧化、老化等现象，以免影响接地线的使用效果。

案例精选

短路连接片未固定好致电压互感器烧毁事故

2006 年 2 月 5 日，某用户变电所值班员汇报，该所综合自动化系统报 10 kV 母线单相接地，A、B 相电压偏高，超过 8 kV，C 相电压只有 2 kV。调度员要求值班员进行接地测试，发现有 1 条 10 kV 出线有接地现象。按照规程要求 10 kV 线路单相接地可运行 2 h，但在测试结束 15 min 后，值班员发现系统 10 kV 母线 A、C 相电压降至 0。经检查发现，A、C 相 PT 烧损，调度员即令拉开故障线路，对 10 kV 母线 PT 间隔进行检修。在对故障线路停电检查后发现是B相接地。经过抢修，更换10 kV母线PT及消谐器后线路恢复供电。

事故分析

事故发生后，在现场进行了模拟试验：模拟10 kV系统单相金属性接地，测量了10 kV的PT二次电压、线电压、相电压，结果均与系统单相接地时的数值相符，而开口三角形电压数值为0。在测试过程中（大约在接地2 min后），发现10 kV的PT中性点消谐器上有热气冒出，急令切除接地点。通过试验，判定事故的直接原因为PT的辅助绕组开口三角被短接。经检查，短接点并不在10 kV的PT柜，而在开口三角保护并接回路上。最终在某一出线间隔二次端子排上发现有一短路连接片未固定好，将开口三角输出短接。

法规标准

《电业安全工作规程》中
电压互感器的有关规定

《电业安全工作规程》（发电厂和变电所电气部分）第222条："在带电的电压互感器二次回路上工作时，应采取下列安全措施：

一、严格防止短路或接地。应使用绝缘工具，戴手套。必要时，工作前停用有关保护装置；

二、接临时负载，必须装有专用的刀闸和熔断器（保险）。"

《电力系统继电保护及安全自动装置反事故措施要点》中第 10 条规定："保护二次回路电压切换：

10.1　用隔离刀闸辅助接点控制的电压切换继电器，应有一副电压切换继电器接点作监视用；不得在运行中维护刀闸辅助接点。

10.2　检查并保证在切换过程中，不会产生电压互感器二次反充电。

10.3　手动进行电压切换的，应有专用的运行规程，由运行人员执行。

10.4　用隔离刀闸辅助接点控制的切换继电器，应同时控制可能误动作的保护的正电源；有处理切换继电器同时动作与同时不动作等异常情况的专用运行规程。"

知识与技能

电压互感器常见异常的判断

1. 三相电压指示不平衡：一相降低（可为零），另两相正常，线电压不正常，或伴有声、光信号，可能是互感器高压或低压熔断器熔断；

2. 中性点非有效接地系统，三相电压指示不平衡：一相降低（可为零），另两相升高（可达线电压）或指针摆动，可能是单相接地故障或基频谐振，如三相电压同时升高，并超过线电压（指针可摆到头），则可能是分频或高频谐振；

3. 高压熔断器多次熔断，可能是内部绝缘严重损坏，如绕组层间或匝间短路故障；

4. 中性点有效接地系统，母线倒闸操作时，出现相电压升高并以低频摆动，一般为串联谐振现象；若无任何操作，突然出现相电压异常升高或降低，则可能是互感器内部绝缘损坏，如绝缘支架绕组层间或匝间短路故障；

5. 中性点有效接地系统，电压互感器投运时出现电压表指示不稳定，可能是高压绕组 N（X）端接地接触不良。

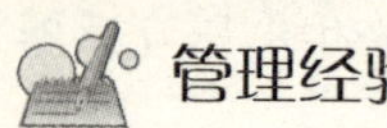

管理经验

解决电压互感器常见故障的措施

采用了新材料、新结构的新型电压互感器，具有损耗小、精度高等特点，目前已在配电网及业扩工程中得到广泛应用。但是，由于操作不当等原因，电压互感器在运行中还有可能出现故障。

从总体上看，电压互感器的故障集中在以下几方面：（1）安装人员在二次回路接线端子引接二次线时，二次线随螺栓顺时针旋转，触及电压互感器底座铁板，极易造成电压互感器短路，这是造成电压互感器爆裂的主要原因。（2）送电操作人员在通电前未对电气设备进行复检。（3）未按安装工艺标准安装施工。因此，高压试验现场工作应安排在二次安装之后，并可通过试验报告所提供的数据（如电压比等）来诊断设备的制作工艺水平，从而避免人为原因造成电气设备故障。

那么，应该如何减少电压互感器发生故障的频率呢？应从以下几方面入手：

（1）在电压互感器底盘车上的辅助开关内侧，采用防短路的绝缘材料（如绝缘隔板）；同时，在裸露长度适宜的线

头穿进辅助开关二次线时应加绝缘护套。

(2) 电压互感器手车上的二次接线应加套绝缘护套，严禁在转动处、伸缩轴边布线。定期检查电压互感器手车上的二次接线情况，确保其处于良好状态。

(3) 在电压互感器二次接线端引接二次线时，二次引接线铜接头应装有绝缘护套，拧紧螺栓时应防止二次线随螺栓旋转，以免触及电压互感器底座铁板。

(4) 必须对电压互感器二次回路进行绝缘电阻测试，以确认电压互感器二次回路绝缘电阻值是否符合要求。

(5) 要摇出电压互感器手车，模拟电压互感器至运行状态。人为使手车底盘辅助开关触点闭合，松开所有电压互感器二次端子，对回路加 100 V 电压进行检查，检查柜上表计、保护回路（电压）的正确性。

案例精选

违章检查故障设备导致电击事故

2007 年 2 月 2 日上午，某化工公司为避高峰停电后，按常规 3 台电炉都进入了正常生产状态。值班电工李某在巡岗检查时发现，距地面 2.5 m 高处的 2＃电炉高压室 35 kVA 相电流互感器上有异常声音，从高压室返回后便将此情况向班长王某作了汇报，班长王某没有作任何安排，便自己一人拿了手套去了 2＃炉，李某见班长王某前往 2＃炉，随即也跟了上去。王某经过变压器房顺便停了变压器排风扇，就径直走向高压室，爬上支撑互感器的铁架第二层（距地面 1.7 m)，左手抓在支架的顶层角铁上，就用右手试探互感器。因室内光线较暗，王某叫李某把灯拉开，李某转身开灯时，忽然听到王某的叫喊声，李某发现王某已被吸上了35 kV的互感器铝排并产生了弧光。李某见状急喊该电炉配电工停电，配电工听到喊声后立即停了电，此时王某刚从支架上坠落下来，着地时头部撞在墙角一水泥盖板上，致伤。现场发现王某的右手背及双脚有被电击的伤痕。见伤势较重，该公司当即将王某送往县医疗中心。

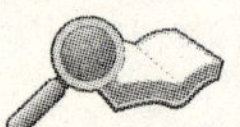

事故分析

本起事故属一起典型的违章操作事故，其原因有以下两个方面：

1. 个人安全意识差和专业技术素质低，是导致本次事故发生的主要原因。从事故发生的经过来看，操作者自始至终没有一点安全意识，整个操作过程实属一起严重的违章操作。操作者是一名经过了劳动部门专业电工培训并从事了5年工作的电工，竟然连35 kV的高压都敢用手触摸，实在是太“大胆”了。

2. 从本次事故的调查中发现，该公司在用电管理上自始至终未按用电安全操作规程办事，是酿成本次违章操作事故发生的重要原因。

法规标准

《电气安全管理规程》
中培训合格的电气工作人员

《电气安全管理规程》第8条规定：“对电气工作人员应

定期进行安全技术培训、考核。各级电工必须达到原机械工业部颁发的各专业电工技术等级标准和相应的安全技术水平，凭操作证操作。严禁无证操作或酒后操作。”

第 9 条规定：“新从事电气工作的工人、工程技术人员和管理员都必须进行三级安全教育和电气安全技术培训，见习或学徒期满，经考试合格发给操作证后才能操作。新上岗位和变换工种的工人不能担任主值班或其他电气工作的主操作人。”

电气触电事故的处理原则

《电气安全管理规程》第 55 条规定：“电气事故处理的原则是尽快消除事故点，限制事故的扩大，解除人身危险和使国家财产少受损失，并尽快恢复供电。”

第 56 条规定：“发生触电事故时，应立即断开电源，抢救触电者，并应保护事故现场，报告有关领导和地方有关部门及上级主管部门。”

第 57 条规定：“供电系统发生事故时，值班员必须坚守岗位，及时报告主管领导，并积极处理事故。在事故未分析、处理完毕或未得到主管领导同意，不得离开事故现场。”

知识与技能

35 kV 互感器的安装及引线制作

1. 安装

（1）互感器必须安装在水平平台上，用底脚螺栓将其固定。起吊互感器应用油箱盖上的两个吊环，决不可用其他位置起吊，起吊时必须注意不得与其他东西相碰。接线前应除净接触处的污物及氧化层。

（2）接地螺栓应牢固接地，使互感器处于工作接地状态。

（3）互感器储存期间应注意遮盖，以免直接遭受日晒雨淋，底座高于地面 50 mm 以上，储存处的最低气温应不低于－30℃，长期储存应进行包装。

2. 引线制作

（1）软导线不得有扭结、松股、断股及其他明显的损伤或严重腐蚀等缺陷。

采用的金具除应有质量合格证外，还应检查：规格相符、零配件齐全；表面光滑，无裂纹、伤痕、砂眼、锈蚀、滑扣等缺陷，镀层不应脱落。

（2）铜铝之间搭接用铜铝过渡线夹，铜端必须搪锡；线夹不得使其有任何变形。

（3）压接线夹时，导线的端头伸入线夹的长度应达到规定的长度。

（4）压接时，必须保持线夹的正确位置，不得歪斜，相邻两模间重叠不应小于 5 mm。

（5）导线的弛度应符合设计要求，同一档距内三相导线及线夹接触面均应清除氧化层，并清洗，清洗的长度不应少于连接长度的 1.2 倍。

（6）压接线夹时，压接用的钢模必须与导线、线夹规格相配。

（7）导线的弛度应一致。

管理经验

电气作业“十不准”

1. 非持证电工不准装接电气设备。

2. 任何人不准玩弄电气设备和开关。

3. 破损的电气设备应及时掉换，不准使用绝缘损坏的电气设备。

4. 不准利用电热和灯泡取暖。

5. 设备检修切断电源时，任何人不准起动挂有警告牌的电气设备，或合上拔去的熔断器。

6. 不准用水冲洗揩擦电气设备。

7. 熔断丝熔断时，不准调换容量不符的熔丝。

8. 不办任何手续，不准在埋有电缆的地方进行打桩和动土。

9. 发现有人触电，应立即切断电源进行抢救，未脱离电源前不准直接接触触电者。

10. 雷雨天气，不准接近避雷器和避雷针。

案例精选

检修人员误登带电设备导致重伤事故

2007 年 4 月 20 日 15 时 51 分，某局检修部二班副班长李某（伤者，变电检修高级工）作为工作负责人带领工作班其他 3 位人员在 220 kV 某变电站办理了第一种工作票，执行“处理 3＃主变中 103T0 接地开关触头合不到位”工作任务。值班人员在执行安全措施时发现 103B0 地刀同样存在合不到位情况，采用挂接临时接地线的方式完成安全措施。14 时 20 分，开始缺陷处理工作。该工作班在完成 103T0 接地开关触头缺陷处理后，在没有办理工作票结束和汇报其他人的情况下，李某擅自带领本工作组人员转移到 1032 刀闸支架处，扩大工作范围，用竹梯登上 2.5 米高的 1032 刀闸支架处理 103B0 地刀缺陷（刀闸靠母线侧带电）。15 时 51 分，因与带电的 1032 刀闸 B 相Ⅱ母侧安全距离不足，造成刀闸对人体抢弧放电。李某被电弧烧伤并从高处正面跌落草地。事故同时造成 4 个 110 kV 变电站全站失压，属于 A 类一般设备事故。

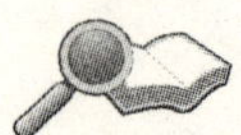

事故分析

工作负责人带领班组人员在工作地点的围栏（网）内完成缺陷处理后，擅自进入非工作地点检查处理缺陷，是事故的直接原因。

工作负责人违反规程，本应履行监护职能却没有履行，明知故犯直接参与作业，使整个工作中失去安全监护。工作班成员没有履行安全职能，不关心施工安全，不监督规程现场实施，对擅自扩大工作范围的行为没有拒绝、反对，对误登带电设备的行为没有及时制止和纠正，是事故发生的间接原因。

法规标准

《电气安全工作规程》中工作票中有关人员应负的责任

《电气安全工作规程》第36条规定："工作票中有关人员应负的责任：

1. 工作票签发人：工作负责人是否合适，工作的必要性，应采取的安全技术措施和安全组织措施是否正确完备。

2. 工作负责人（监护人）：正确安全地组织工作，结合实际进行安全思想教育，督促、监护工作人员遵守安全规程；检查工作票所载安全措施是否正确完备和值班员已做的安全措施是否符合现场实际条件；工作前对工作人员交代安全事项。

3. 工作许可人（值班员）：负责审查工作票所列安全措施是否正确完备；工作现场布置的安全措施是否完善；检查停电设备有无突然来电的危险；对工作票中所列的内容发生疑问必须向工作票签发人询问清楚，必要时要求作详细补充。

4. 工作班中的成员：相互关心，相互监督，严格按安全规程进行工作。"

电气工作监护制度

《电气安全工作规程》第40条规定："工作负责人应向全体工作人员清楚交代任务、工作范围、应注意事项、带电的部位，工作负责人（监护人）必须始终在现场工作，对工作人员的安全认真监护及时纠正违反安全的行为。”

第 41 条规定：“当工作负责人需要暂时离开现场时，应指定监护人员代替，并向代替人交代清楚有关事宜，同时通知全体工作人员。”

第 42 条规定：“若工作在两地，工作负责人可指派有实际经验的人员到另一地去，但得把任务、注意事项交代清楚。”

知识与技能

设备故障分类

1. 特大设备事故

符合下列情形之一者，为特大设备事故：

（1）生产单位一次事故造成设备、设施、施工机械、运输工具损坏，直接经济损失达人民币 2 000 万元。

直接经济损失包括更换的备品配件、材料、人工和运输所发生的费用。如设备损坏不能再修复，则按同类型设备重置金额计算损失费用。保险公司赔偿费和设备残值不能冲减直接经济损失费用。

（2）电力生产设备、厂区建筑发生火灾，直接经济损失达到 100 万元。

电气设备发生电弧起火引燃绝缘（包括绝缘油）、油系统（不包括油罐）、制粉系统损坏起火等，上述情况企业内部定为设备事故。如果失火殃及其他设备、物资、建（构）筑物时，则定为电力生产火灾事故。

2. 重大设备事故

未构成特大设备事故，符合下列条件之一者，为重大设备事故。

（1）装机容量 400 MW 及以上的发电厂，一次事故造成 2 台及以上机组非计划停运，并造成全厂对外停电。

一次事故使 2 台及以上机组非计划停运，包括 1 台机组非计划停运后，由于处理不当使其他机组也相继非计划停止运行。

全厂对外停电，是指发电厂对外有功负荷降到零。虽电网经发电厂母线转送的负荷没有停止，仍视为全厂对外停电。

（2）生产单位一次事故造成设备、设施、施工机械、运输工具损坏，直接经济损失人民币 500 万元及以上不满 2 000 万元。

（3）电力生产设备、厂区建筑发生火灾，直接经济损失达到 30 万元。

3. A 类一般设备事故

未构成特、重大设备事故，符合下列条件之一者，为 A 类一般设备事故。

（1）电网 35 kV 及以上输变电设备被迫停止运行，并造成对用户中断供电。（线路自动重合闸重合成功或线路、母线备自投动作，恢复对用户供电的，不算对用户中断供电。）

（2）发电厂 2 台及以上机组非计划停运，并造成全厂对外停电。

（3）发电厂升压站 110 kV 及以上任一电压等级母线被

迫全部停止运行。

(4) 发电厂 200 MW 及以上机组被迫停止运行，时间超过 24 h。

(5) 水电厂由于水工设备、水工建筑损坏或者其他原因，造成水库不能正常蓄水、泄洪或者其他损坏。

(6) 生产单位一次事故造成设备、设施、施工机械、运输工具损坏，直接经济损失人民币 50 万元及以上不满 500 万元。

4. B类一般设备事故

未构成特、重大设备事故，符合下列条件之一者，为B类一般设备事故。

(1) 3 kV 及以上发电设备、6 kV 及以上输变电设备发生下列恶性电气误操作：

①带负荷误拉（合）隔离刀闸；

②带电挂（合）接地线（接地刀闸）；

③带接地线（接地刀闸）合开关（隔离刀闸）。

(2) 50 MW 及以上发电机组、35 kV 及以上输变电主设备因以下人为原因被迫停止运行。

①一般电气误操作：

误（漏）拉合开关、误（漏）投或停继电保护及安全自动装置（包括压板）、误设置继电保护及安全自动装置定值；

下达错误调度命令、错误安排运行方式、错误下达继电保护及安全自动装置定值或错误下达其投、停命令；

②人员误动、误碰设备；

③热机误操作：误停机组、误（漏）开（关）阀门（挡

板）、误（漏）投（停）辅机等；

④小动物碰触户内设备；

⑤继电保护及安全自动装置的人员误（漏）接线；

⑥继电保护及安全自动装置（包括热工保护、自动保护）的定值计算、调试错误；

⑦监控过失：人员未认真监视、控制、调整等。

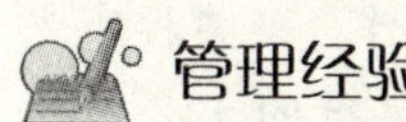

管理经验

加强对监护人工作的监督、检查和指导

1. 检查工作现场的安全技术措施和组织措施的执行情况；

2. 检查现场安全工器具完好与使用情况；

3. 检查工作地点带电部位的控制情况；

4. 检查工作现场是否有违章作业现象，如跨越遮拦、冒险蛮干的恶性违章、违章指挥、失去监护等情况。

5. 通过特殊情况检验监护人对工作现场的控制能力，如检查监护人是否始终留在工作现场，是否在监护人离开现场时，指定合格人员代理其工作；工作中出现工作班人员突增、工作任务增加、紧急送电、不能按时完工、天气突然变化、检修设备发生异常时，监护人能否给予妥善处理等。

案例精选

操作失误导致变电站全站失压事故

2005 年 3 月 28 日 9 时 25 分，在某变电站主控室里工

作的继电保护班副班长刘某检查发现 110 kV 备用电源自投装置的压板在退位，投入把手在“停用”位置，于是刘某将 110 kV 备用电源自投装置的投入把手打在了“投入”位置，同时在端子排上短接了 142 断路器的 CT 电流回路（由于 142 断路器处在运行状态），拉开了备自投屏上的电压小开关，备自投装置液晶显示以上操作情况正常。

为了确保备自投装置出口继电器正确动作，刘某按事先工作计划接入模拟断路器装置以代替正在运行的 142 断路器。同时，刘某安排班里的其他两人配合将模拟断路器装置的交流电源接好，由刘某将备自投装置的 142 断路器跳合闸线甩开，准备接模拟断路器的跳合闸线，以实现备自投保护装置的自投功能。

9 时 35 分，刘某检查 142 断路器在合闸位置，其测控屏上的控制电源小开关也在合位，故确定备自投装置接至 142 断路器的跳合闸线（套头编号为 33 与 3）有电，必须打开后才能模拟试验。当刘某在端子排上依次打开 142 断路器的这两根跳合闸线时，忽然听到了变电站主控制室里的警报声。这时 142 断路器已经跳闸，该 110 kV 变电站因春检留下的唯一电源失去，造成了全站失压的严重后果。

事故分析

此次事故原因是：刘某在端子排上依次打开这两根跳合闸线 3 与 33 时，没有用绝缘胶布包好这两根线。在刘某打开跳闸线 33（带直流负电）时，线头碰到端子排上的直流正电源，导致 142 断路器掉闸，造成该 110 kV 变电站全站

失压。事故后调查表明，刘某在打开线头时，没有对使用工具改锥的金属部位进行绝缘包扎，操作中发生误碰，是一起典型的继电保护“三误”事故。在现场工作中，班组其他参与工作的人员也没有意识到刘某的违章和自己的违章，未能及时制止，也未能指出刘某应该使用绝缘工具和采取绝缘包扎线头，属于集体违章。

法规标准

《电气安全工作规程》中变电站值班工作

《电气安全工作规程》中明确规定，在运行的二次回路上进行拆、接线工作，在电流互感器的二次回路上工作，都必须填用“二次工作安全措施票”。

《电气安全工作规程》第 7 条规定：“电气工作人员应具备下列条件：

1. 身体健康，经医生鉴定无妨碍工作的疾病；

2. 具备必要的电气知识且按其职务和工作性质熟悉国家的有关规程及本规程，并经主管部门考试合格；

3. 必须会触电急救法和电气防火和救火方法。”

第 12 条规定：“变电站值班人员，除符合第 7 条规定外，还应熟悉所管范围内电气设备性能，一、二次接线图，并能熟练地进行操作与事故的处理。”

第 13 条规定：“变电站值班人员，每班不得少于 2 人，特殊情况下仅留 1 人时，此人必须具有独立工作和处理事故的能力，并只能监护设备运行，不得单独从事修理工作。”

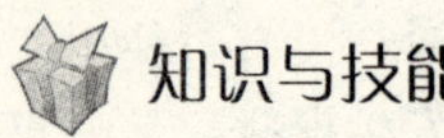

知识与技能

变压器的保养步骤

1. 断开待保养变压器低压侧断路器，拉下隔离开关，在手把上悬挂相应的标识牌。

2. 断开变压器高压侧的负荷开关，确认在断开位置后合上接地刀，并完成开关的安全保险和悬挂相关标识牌。

3. 进入油变压器室，首先应用高压验电器确认该台变压器是否在停电状态，然后拉开高压隔离刀，再检查外壳、瓷瓶及引线有无变形现象，有破损的应进行更换，油位是否正常，如有漏油现象，应更换胶垫，检查硅胶是否有效，如有变色或严重失效，应立即更换。

4. 重新紧固引线端子、销子、接地螺钉；进入线螺钉，如有松动，应拆下螺钉用细平锉轻锉接触面，用手触摸无任何凹凸不平的感觉后，用干净的布条擦去灰尘，抹上凡士林，换上新的弹簧垫圈，紧固螺钉。

5. 检查变压器周边照明、散热、除尘设备是否完好，并用干净的布擦去变压器身及瓷瓶上的灰尘。

6. 检查变压器高压侧负荷开关，确保操作灵活，接触良好，传动部分作润滑处理。

7. 用 2 500 V 的摇表测量变压器高低压线圈绝缘阻值（对地和相间），确认符合要求，在室温 30℃时，10 kV 变压器高压侧大于 20 MΩ，低压侧大于 13 MΩ。在测试前，应接好接地电线，测定完毕后，应进行放电。

8. 检查变压器室及变压器有无遗留工具，无误后，合

上高压侧隔离开关，撤离现场。

9. 拉开高压接地刀闸，检查接地处于断开位置无误后，合上高压负荷开关，让变压器试运行，并取下高压侧标识牌，注意在断开或合上变压器高压负荷开关时，现场必须有两人以上。将保养结果详细地记录后，交付资料室保存。

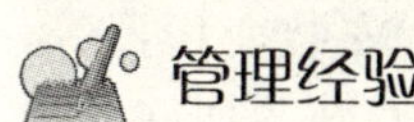

管理经验

电工作业人员的安全职责

1. 作业前按规定正确佩戴劳动防护用品，严禁穿带钉鞋作业。

2. 电气作业人员应熟知电工基本知识、电气设备性能和触电急救方法。

3. 检查所用工具、绝缘护品有无缺陷，绝缘是否良好。

4. 办好工作票，检查线路、设备是否断电，确认无误无方可操作。

5. 检修电气设备，须先切断设备所有电源。停电时应先停分开关，后拉总开关，送电时相反。严禁约时停、送电。

6. 检修作业前，必须用电压等级一致且合格的验电器在设备进线端两侧各项分别验电，确认无电后将导体接地方准作业。在未接地的设备上作业时，应视为带电作业，并做好相应技术措施。

7. 700 V 以上电气设备检修时，将导体完全放电。

8. 装设接地线，须先接接地端后接导体端，拆除地线顺序相反。

9. 检修作业前，还要将设备的闭锁装置锁好，保留明显断开点，并悬挂“禁止合闸，有人工作”标志或设遮栏，必要时应设专人监护。

10. 检修双回路供电线路、设备或一条线路多组人员检修时，必须办理工作票，落实保安措施。

11. 检修高压电气设备、开关和移动、安装变压器等，必须办理停电工作票，且要停下油开关和刀闸，挂好接地线。

12. 检修低压总开关、高压隔离开关负荷侧，必须停下高压电源开关，在停电的开关把手上悬挂标志牌。

13. 检修作业必须停下相应总电源开关，并挂好“有人工作，严禁送电”标志牌，低压线路、设备检修时，除采取停电、上锁挂牌等措施，还须取下电容保险，严防他人强行送电。

14. 使用电动工具（如电钻、砂轮等），须用绝缘良好的多芯软线，用钳型电流表测量带电设备时，必须戴绝缘手套，人身与导线、导体保持规定距离。

15. 电压超过 36 V 时，不准带电作业。特殊情况需带电作业时，必须制定可靠的安全防护措施。

16. 上杆作业应仔细检查蹬杆工具、杆根、拉线是否牢固可靠，所用工具、材料须用绳索传递，高空作业须系安全带。

17. 使用梯子时必须绑牢或设专人扶梯，严禁使用铁梯。

18. 绝缘工具每半年检验一次，绝缘鞋、绝缘手套每季

度检测一次。

案例精选

避雷器安装不当导致变压器损坏事故

由于恶劣天气的影响，导致新疆某地 110 kV、35 kV 系统不同程度的损坏，电网负荷从 322 MVA 迅速降至 270 MVA，某电厂 13 台机组甩负荷达 60 MW，整个电网产生较大的波动。该地区电力调度所进行调整负荷时，又使 35 kV 系统局部产生谐振，谐振过电压导致石河子 110 kV 城东枢纽变电站 35 kV4＃出线（双电源线路）C 相避雷器炸裂，A、B 两相绝缘击穿。避雷器安装在断路器与线路侧 TA 之间，从而导致 35 kV 短路，致使 110 kV 城东变电站 40 MVA 变压器中压侧，后备保护和重瓦斯保护同时动作，主变压器的内部绕组因通过较大的短路电流而严重变形，退出运行需返厂检修处理。

事故分析

避雷器的安装位置不正确，按设计规程要求，避雷器应安装在断路器线路侧，即 TA 的线路侧较为合理，而实际上由于该出线是电缆出线，线路侧安装避雷器受空间位置限制，不能将避雷器安装在断路器与 TA 之间。这就导致了系统过电压避雷器动作击穿，TA 采集不到故障电流，线路断路器不能迅速有效地将短路故障点切除。此时只有靠主变压器后备保护动作切除短路故障，相对延长了短路电流被切除的时间，大大恶化了主变压器的运行环境，是导致主变压器线圈损坏的又一重要原因。

法规标准

《变电站标准化管理条例》中过电压保护及防雷设备的相关规定

《变电站标准化管理条例》第 2.8.11.1 条规定："防雷接地及过电压保护各项装置的装设符合《过电压保护规程》和安装标准要求。"

2.8.11.2 条规定："防雷设备预防性试验项目齐全，试验合格。接地装置接地电阻测试合格；避雷针结构完整，并具有足够的机械强度。"

2.8.11.3 条规定："瓷件完整无损伤，密封、接地良好。"

2.8.11.4 条规定："放电记录器完好，指示正确。"

2.8.11.5 条规定："避雷针引线及接地良好。"

2.8.11.6 条规定："磁钢棒安装正确。"

2.8.11.7 条规定："避雷器支架牢固。"

2.8.11.8 条规定："清洁，油漆完好，标志正确清楚。"

2.8.11.9 条规定："设计、安装和运行资料齐全。"

知识与技能

高、低压避雷器操作规程及保养

1. 操作规程

（1）操作人员经考试合格取得操作证方准进行操作，操

作者应熟悉本机的性能、结构等，并要遵守安全和交接班制度。

(2) 使用前应进行耐压试验，如发现不合格时应彻底检查修复。

(3) 在运行中应检查瓷套污染情况并及时清扫，避雷器引线及接地有无烧伤和断股，有时应及时更换。

(4) 检查避雷器上端引线密封是否良好，接合缝是否严密、防水罩是否渗雨、电气安全距离是否符合规定。

(5) 雷雨后应及时检查本体是否摆动，引线是否松动，有无放电痕迹，如有问题应立即修复。

2. 日常保养

(1) 检查过雷器上端引线密封是否良好，接合缝是否严密，电气安全距离是否符合规定。

(2) 检查避雷器本体是否有裂纹、歪斜现象。

(3) 检查避雷器针导电部分的电气连接是否紧密牢固。

(4) 雷雨后应及时检查本体是否摆动，引线是否松动，有无放电痕迹，如有问题应立即修复。

3. 定期保养

(1) 每年进行一次避雷器耐压试验。

(2) 满两年进行预防性试验。

(3) 检查避雷器针导电部分的电气连接是否紧密牢固、发现有接触不良或脱焊时应检修。

(4) 检查避雷器本体是否有裂纹或锈蚀、歪斜现象，检查避雷针埋入地下 50 cm 深度以上的部分是否腐朽或锈蚀。

(5) 检查避雷线是否可靠接地。

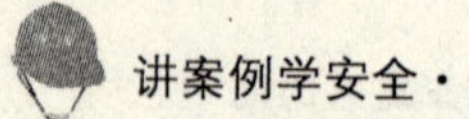

(6) 瓷套有裂纹或密封不良时，应进行解体检查与检修。

(7) 瓷套有严重污染应及时清扫试验，盘、垫有脱落时应检修，漏泄电流、电压大于或小于标准值时应进行检修。

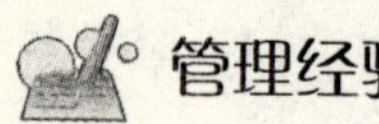

管理经验

断路器与上下级电器保护特性的配合要求

配电系统中，并非只有断路器，还存在许多别的电器，需考虑断路器与上下级保护电器特性的配合。最好将各个电器的保护特性绘于坐标上，以比较其特性的配合情况。其配合须考虑以下条件：

1. 断路器的长延时特性低于被保护对象（如电线、电缆、电动机、变压器等）的允许过载特性。

2. 低压侧主开关短延时脱扣器与高压侧过电流保护断电器的配合级差为 0.4～0.7 s，视高压侧保护继电器的型式而定。

3. 低压侧主开关过电流脱扣器保护特性低于高压熔断器的熔化特性。

4. 断路器与熔断器配合时，一般熔断器作为后备保护，应选择交接电流小于断路器的短路通断能力的 80%，当短路电流大于交流电流时，应由熔断器动作。

5. 上级断路器短延时整定电流≥1.2 倍下级断路器短延时或瞬时（若一级断路器无短延时）整定电流。

6. 上级断路器的保护特性和下级断路器的保护特性不能交叉。在级联保护方式时，可以交叉，但交点短路电流应

为下级断路器的80%。

7. 在具有短延时和瞬时动作的情况下，上级断路器瞬时整定电流≤下级断路器的延时通断能力，并≥1.1倍下级断路器进线处的短路电流。

 案例精选

带地合闸送电误操作事故

2004年7月5日，某供电局黄某等3人在110 kV无人值班变电站从事1号主变10 kV的901号开关储能电机的更换工作。操作队正值刘某接受工作任务后，在1号主变的9011号刀闸与901号开关之间、1号主变10 kV侧避雷器与901号开关之间的接地点放在10 kV开关室外。执行该项操作任务时，将两组接地线都挂在开关柜内开关的两侧。901号开关储能电机的更换工作完成后，操作队现场人员办理了工作票的终结手续，刘某在工作票"工作终结"栏许可人处签了字，同时在接地线拆除栏填写了接地线编号、组数，并签了名。但接地线实际并未拆除。然后刘某向调度汇报该站1号主变10 kV的901号开关更换储能电机工作结束，申请投入1号主变。李某随即下令，将1号主变901号开关由停用转运行，刘受令后，由副值程某准备操作票。当操作票还未填写完整时，正值刘某便监护副值杨某在后台机上进行操作。当合上110 kV丹苏西151号开关时，突然发生猛烈炸响，1号主变差动保护动作，151号开关跳闸。造成了带地线合闸送电的恶性误操作事故。

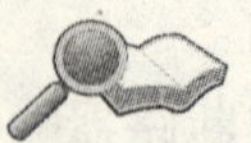

事故分析

此事故中操作队人员无票进行操作，而开好的倒闸操作票既不合格又未使用（该站操作票只填写了时间、任务、顺序内容而无监护人，操作队值班负责人也未签名，也无开始操作时间）。这一点是导致此次事故发生的主要原因。

法规标准

《电业安全工作规程》中倒闸操作票填写的相关规定

《电业安全工作规程》（发电厂和变电所电气部分）第20条规定："下列项目应填入操作票内：

应拉合的断路器（开关）和隔离开关（刀闸），检查断路器（开关）和隔离开关（刀闸）的位置，检查接地线是否拆除，检查负荷分配，装拆接地线，安装或拆除控制回路或电压互感器回路的熔断器（保险），切换保护回路和检验是否确无电压等。

操作票应填写设备的双重名称，即设备名称和编号。"

第22条规定："开始操作前，应先在模拟图板上进行核对性模拟预演，无误后，再进行设备操作。操作前应核对设备名称、编号和位置，操作中应认真执行监护复诵制。发布操作命令和复诵操作命令都应严肃认真，声音洪亮清晰。必须按操作票填写的顺序逐项操作。每操作完一项，应检查无误后做一个'√'记号，全部操作完毕后进行复查。"

知识与技能

倒闸操作中危险点分析

倒闸操作中危险点分析：

1. 操作前不认真核对设备名称、编号和位置。

2. 单人进行操作或无票操作。

3. 合刀闸前不认真检查开关位置。

4. 设接地线（合接地刀闸）前不验电。

5. 送电前不认真检查送电范围内安全措施是否全部拆除。

倒闸操作中危险点防范措施

1. 倒闸操作前必须认真核对设备名称，编号和位置。

2. 任何操作必须两人进行，严禁单人操作。

3. 拉、合刀闸前必须确认开关在断开位置。

4. 装设接地线（合地刀）前必须验电。

5. 送电前必须检查送电范围内所有接地线已拆除，所有接地刀闸已拉开。

管理经验

电气班组安全管理措施

1. 严格执行“两票”制度，落实操作中“四把关”“四对照”，防止误操作事故。

2. 加强倒闸操作全过程监控，层层把关，保障安全。

3. 坚持不懈地抓好反习惯性违章工作，提高职工安全意识。

4. 班组建设要以人为本，着力提高人素质：

（1）班组长要努力提高自身管理知识、管理水平；

（2）加强倒闸操作和事故处理这两个基本技能培训；

（3）开展职工职业道德教育。

5. 双管齐下，加强安全监督机制。

案例精选

倒闸操作不当导致停电事故

1999 年 10 月 18 日，某供电公司 220 kV 变电站进行 110 kV 新建的 117 出线 5 号刀闸安装及与 110 kV 的 5 号母线接引，同时 5 号母线架构刷漆工作。

11 时 30 分，工作结束后，安装人员未将 5 号刀闸及 47 号刀闸拉开，站长未到现场检查验收就履行工作票终结手续，值长也没到现场就在检修记录上签字，致使 117 出线 5 号刀闸、117 出现 47 号刀闸均在合位未被发现。

16 时 42 分，110 kV 母线由检修转运行。当运行人员操作到第 6 步“合 145 开关”向 5 号母线充电时，造成带地刀合开关的电气误操作恶性事故，1 号主变过流保护动作 101 开关掉闸，由于 145 母联开关无充电保护，导致 110 kV 的 4 号母线停电。

事故分析

新设备投入时没有正式明确设备编号，检修、操作新装

设备未严格执行“两票”的有关规定，即对新装设备未按运行设备对待，运行人员执行安全工作规程不认真，违反了关于设备在检修结束后将其恢复到工作前状态的有关规定，导致了此次事故的发生。

法规标准

《电气安全工作规程》中倒闸操作时要对设备进行核对

《电气安全工作规程》第30条规定：“操作时应对设备进行核对，检查正确无误，在执行过程中，由监护人对照操作票发令，操作人要准确执行，操作中发生疑问时，不准擅自更改操作票，必须向电力调度员或值班负责人报告，弄清楚后再进行操作。”

知识与技能

操作刀闸注意事项

操作刀闸前必须先检查开关所处的分合状态。

1. 合刀闸时的注意事项

（1）不论用手动传动装置或用绝缘拉杆操作，均应迅速、果断，但合闸终了时应检查刀闸是否合好，三相触头是否接触良好。

（2）刀闸合上后，其操作机构应加锁。

2. 拉刀闸时应注意的事项

（1）拉刀闸开始时应慢而谨慎，当刀闸片离开触头时则应迅速果断。

（2）刀闸拉开后，应检查三相确实已全部拉开。

管理经验

变配电所不需操作票的倒闸操作

1. 处理事故的倒闸操作，在情况紧急时，可先行操作，事后向上级汇报，并作记录。

2. 单项设备的倒闸操作，如操作一个隔离开关时，不填写操作票。

3. 拆装一组临时接地封线时，可不填写操作票。

4. 在控制盘上遥控操作断路器或隔离开关时，可不填写操作票。

5. 为已损坏的设备脱离电源、隔离时，不填操作票，但应尽快报告调度作记录。此类操作还有：当母线失压，断开连接在母线上的断路器，出现危及人身安全或设备安全情况时，对设备停电、通信中断进行事故处理等。

6. 还有不需要调度命令，不填操作票，由正值发令，副值操作，操作完后做好记录的。如：非调度管辖的设备，按规定由值班员操作的设备。

案例精选

检查不到位，水电厂小动物窜入引起厂用电事故

某水电厂在 2003 年 2 月 2 日和 2003 年 4 月 23 日因小

动物窜入相继发生两起厂用电事故。

第1次，2003年2月2日01时37分，629开关跳闸（过流保护掉牌）；400 V的421、423、425跳闸，400 V的Ⅰ段、Ⅱ段、Ⅲ段联动成功。

事故前运行方式为：7B、8B、9B都在分段运行。

第2次，2003年4月23日01时08分，629开关跳闸（过流保护掉牌）；400 V的421、422、423、424、425、426开关均跳闸，备自投402、403在合。

事故前运行方式为：8B因检修停运，7B带6 kV的Ⅰ～Ⅱ段负荷，联络运行（612合），9B单独运行在Ⅲ段。

事故分析

据事后调查，上述两起事故原因都是由于站长、安全员检查不到位导致629线路（坝顶升船机的工作电源）末端变电室内窜入小动物引起电气短路，629线路配置的感应型反时限过电流保护动作，因其延迟时间过长，造成厂用电母线电压下降，引起400 V一些带有低电压自动脱扣的负荷开关也相继跳闸。

法规标准

《变电站标准化管理条例》中
变电站防止小动物管理制度

《变电站标准化管理条例》第二部分第3.1条规定：“各站应制定防止小动物措施，且有防止小动物措施分布图。每月由站长或安全员组织检查一次落实情况，及时处理发现问

题，并在运行记录运行记事栏中做好记录。”

第 3.2 条规定：“当检修或施工需拆除防小动物措施时，要采取临时措施，完工后督促施工单位及时按要求封堵、恢复。”

第 3.3 条规定：“各设备室的门窗应完好严密，不得有孔、缝，人员出入时应随手将其关好，并有防鼠措施。”

第 3.4 条规定“各设备室通往室外的电缆沟（隧道）应封堵严密。”

第 3.5 条规定：“各设备室不得存放粮食及其他食品，并放有鼠药或捕鼠器械。”

第 3.6 条规定：“各开关柜、机构箱、端子箱应关闭，并封堵严密。”

第 3.7 条规定：“高压配电室、主控室门应装 40～50 cm 高的防鼠挡板，且装设严密。”

第 3.8 条规定：“室外设备应有防鸟措施。”

第 3.9 条规定：“站内不准饲养家禽或宠物。”

第 3.10 条规定：“站内不准种植引鼠的作物。”

知识与技能

变压器的保护方式

1. 瓦斯保护。瓦斯保护有轻瓦斯保护和重瓦斯保护，轻瓦斯动作于信号，重瓦斯动作于电源侧断路器跳闸。在变压器开始带负荷运行的一星期内，应把重瓦斯保护从跳闸切换为信号。要把重瓦斯保护从跳闸切换为信号，要选择一只电阻代替中间继电器的电压线圈，而该电阻的阻值，应能使

信号继电器的灵敏度大于1.4，并要检验长期流过电流信号继电器的电流是否小于电流信号继电器的额定电流。故此，代替中间继电器线圈的电阻R1阻值应满足：$1.4Id<[Ue/(R1+R2)]<Ie$ 其中：Id 是信号继电器动作电流；Ie 是信号继电器额定电流；$R2$ 是信号继电器电阻；Ue 是操作电源电压。

2. 电流速断保护。电流速断适用于10 MVA以下，没有差动保护，且过流保护时限大于0.5 s的故障保护，其保护动作时限取零秒，继电器动作电流 $IDZ.J$：$IDZ.J=(KJXKK/K)\times ID.DZ$ 其中：KJX 是电流互感器接线系数；KK 是可靠系数，取1.2～1.3；$ID.DZ$ 是被保护变压器副边出口三相最大短路电流；K 是电流互感器额定变比。

3. 差动保护。差动保护的原理，是当变压器发生内部或外部故障时，流入变压器的电流与流出变压器的电流出现异常，则起动差动继电器。这种保护方式适用于大容量变压器保护。

4. 过流保护。过流保护分为定时限和反时限过流保护。过流保护通常用于降压变压器。当电流增长到超过按最大负荷而整定的数值时，动作一次侧断路器跳闸。故整定值应考虑事故状态下出现的过负荷电流。继电器动作电流 $IDZ.J$：$ID.DZ=(KJXKKKZQ/KFK)\times Ie$ 其中：KJX 是电流互感器接线系数；KK 是可靠系数，取1.2～1.3；KZQ 是自起动系数；KF 是返回系数；K 是电流互感器额定变比；Ie 是被保护变压器一次侧额定电流。

5. 过负荷保护。这种保护方式是通过其中某一相进行电流采样，当采样电流达到整定值时，作用于信号或动作于减负荷，也可动作一次侧断路器跳闸。对于 400 kVA 以上变压器，应根据可能出现过负荷情况设置过负荷保护。

 管理经验

高压室的安全管理

1. 进出高压室，必须随手将门锁好。

2. 加强检查，箱门应关紧，箱体应采取良好的防水、防尘、防小动物措施，并保持内部清洁干燥。

3. 机构箱内通风孔、防潮良好，防止线圈、端子排等受潮、结露、生锈。

4. 工作结束，应将机构箱内杂物收拾干净，关好机构箱门，并检查无误后，工作人员方能离开。

三、输电环节常见事故案例分析

案例精选

等电位作业间隙不足导致触电坠落事故

2007年2月7日，某供电公司送电工区安排带电班带电处理330 kV的3033凉金二回线路180#塔中相小号侧导线防震锤掉落缺陷（该缺陷于2月6日发现）。办理了电力线路带电作业工作票（编号2007—02—01），工作票签发人王某某，工作班人员有李某某（死者，工作负责人，男，28岁，工龄9年，带电班副班长）、专责监护人刘某某等共6人，工作地点在青山堡滩，距河清公路约5 km，作业方法为等电位作业。14时38分，工作负责人向该公司地调调度员提出工作申请，14时42分，该公司地调调度员向省调调度员申请并得以同意。14时44分，地调调度员通知带电班可以开工。16时10分，工作人员乘车到达作业现场，工作负责人李某某现场宣读工作票及危险点预控分析，并进行了现场分工，工作负责人李某某攀登软梯作业，王某某登塔悬挂绝缘绳和绝缘软梯，刘某某为专责监护人，地面帮扶软梯人员为王某、刘某，其余1名为配合人员。绝缘绳及软梯挂好，检查牢固可靠后，工作负责人李某某开始攀登软梯，16

时40分，李某某登到与梯头（铝合金）0.5 m左右时，导线上悬挂梯头通过人体所穿屏蔽服对塔身放电，导致其从距地面26 m左右跌落到铁塔平口处（距地面23 m）后坠落地面（此时工作人员还未系安全带），侧身着地，地面人员观察李某某还有微弱脉搏。现场人员立即对其进行现场急救，并拨打电话向当地120和工区领导求救。由于担心120救护车无法找到工作地点，现场人员将李某某抬到车上，一边向河清公路行驶，一边在车上实施救护。17时12分左右，与120救护车在河清公路相遇，由医护人员继续抢救，17时50分左右，救护车行驶至当地第一人民医院门口时，李某某心跳停止，医护人员宣布死亡。

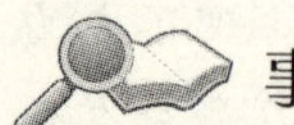

事故分析

经过调查分析，本次作业的330 kV凉金二线铁塔为ZMT1型，由ZM1型改进，中相挂线点到平口的距离由原来的10.32 m压缩到8.1 m；档窗的K接点距离由9.2 m增加到9.28 m；两边相的距离由17 m压缩到13 m（ZMT1塔在铁塔试验场通过真型试验）。但由于此次作业忽视改进塔型的尺寸变化，事前未按规定进行组合间隙验算。作业人员沿绝缘软梯进入强电场作业，绝缘软梯挂点选择不当，造成安全距离不能满足《电力安全工作规程》（电力线路部分）中规定的等电位作业最小组合间隙。此次作业在该铁塔无作业人时最小间隙距离约为2.5 m，作业人员进入后组合间隙仅余0.6 m，是导致事故发生的主要原因。

造成事故的间接原因有：

1. 工作审批把关不严。未针对塔型尺寸的变化，拟定相应的带电作业工作方案；带电作业属高危险工作，在思想上未引起高度重视，仅当成一般的检修工作进行安排，有关管理人员及技术人员均未到现场监督指导。

2. 工作票执行不严肃。一是工作票所列工作条件未涉及“等电位作业的组合间隙”以及“工作人员与接地体的距离”，重点安全措施漏项；二是工作条件中所列的安全距离均未按海拔高度进行校正；三是列入工作票的安全措施在工作现场未严格执行；四是工作票的办理、职责履行均不严肃和认真。

3. 工作组织不严谨。一是未进行现场查勘，没有对现场结线方式、设备特性、工作环境、间隙距离等情况进行分析；二是未确定作业方案和方法及制定必要的安全技术措施；三是工作负责人违反《电业安全工作规程》规定，直接参与工作，工作专责监护人未尽到监护职责。

4. 缺陷管理不规范。对于防震锤掉落的一般性缺陷，当做紧急缺陷处理；对于可通过配合线路计划检修停电处理的缺陷，却采取高风险性的带电作业进行处理。缺陷分类和分级管理的要求落实执行不到位。

法规标准

《电业安全工作规程》中关于等电位作业间隙的规定

《电业安全工作规程》（发电厂和变电所电气部分）第54条规定：“完成工作许可手续后，工作负责人（监护人）

应向工作班人员交代现场安全措施、带电部位和其他注意事项。工作负责人（监护人）必须始终在工作现场，对工作班人员的安全应认真监护，及时纠正不安全的动作。”

第 113 条规定：“等电位作业人员在绝缘梯上作业或者沿绝缘梯进入强电场时，与接地体和带电体两部分间隙所组成的组合间隙不得小于下表的规定。”

等电位作业人员与组合间隙的最小距离

电压等级（kV）	35	63（66）	110	220	330	500
距离（m）	0.7	0.8	1.2	2.1	3.1	4.0

知识与技能

等电位作业的一般要求

1. 使用范围

等电位作业是作业人员在带电设备上直接进行作业。

2. 屏蔽措施

（1）等电位电工必须穿全套屏蔽服（包括帽、衣、裤、手套、袜或导电鞋，下同），且各部分连接可靠，才能进入电场。

（2）根据使用范围不同，屏蔽服分Ⅰ、Ⅱ两型，其性能和使用范围符合 GB 6568.1～GB 6568.2—2000《带电作业用屏蔽服装》和《带电作业屏蔽服装试验方法》的规定。

（3）屏蔽服在使用前应进行外观检查，当发现损坏和毛刺状时进行整套衣服电阻测量，符合要求后才能使用。

（4）等电位电工穿好屏蔽服后，外面不得再穿其他衣服，里面应穿阻热内衣。

（5）屏蔽服主要作用为屏蔽电场，故严禁将其作载流体使用。如更换阻波器时，不得用屏蔽服短接阻波器；在中性点非有效接地系统的电气设备上进行带电作业时，不得将其作为单相接地的后备保护等。但允许横担侧或导线侧电工通过屏蔽服短路靠横担侧或导线侧 1～2 片绝缘子。

3. 电位转移

（1）在电位转移过程中，严禁等电位电工用裸露部位和头部进行。否则将有副值大的暂态电容电流流进人体。

（2）电位转移主要有以下两种方法

①穿戴全套屏蔽服的等电位电工用手转移电位；

②用特制的电位转移杆转移。

（3）如使用电位转移杆转移电位，带电线夹与等电位电工连接的软铜线长度应适当，严防因软铜线过长而缩短带电体的对地距离。

（4）等电位电工转移电位距离应满足《电业安全工作规程》的规定。

（5）等电位电工站在挂梯、竖梯上转移电位前，应在梯上系好安全带，在得到工作负责人许可后才能进行。

4. 进入电场

（1）沿直立式绝缘竖梯（包括双脚梯、丁字梯、独脚梯、升降梯、绝缘操作台）进入。

①直立式绝缘竖梯以地面为依托竖力，使用于输、配电线路截面较小或因断股损伤不宜悬挂软梯的导、地线或布线

复杂的变电内使用。

②双脚梯、独脚梯、升降梯的高度以不超过 13 m 为宜。使用时，应根据其高度不同设置 1～3 层四方绝缘拉绳。每四方拉绳应互为 90°，且对地夹脚应为 30°～45°。如因场地限制，不能满足要求时，也必须利用建筑物设法使其牢固、稳定，严禁以人作为拉绳的锚固点。

③人字梯应根据其长度增设横撑支撑，以增加刚度。与此同时，亦应设置 2～4 根稳固梯身的绝缘拉绳。

④直立式绝缘竖梯的竖立或放倒，应设保护绳保险，防止突然倾倒。

（2）沿挂梯（包括软梯和硬质挂梯）进入

①挂梯系以导、地线或横担为依托悬挂。使用前，应按《电业安全工作规程》要求核对导、地线截面，必要时还应验算其强度。

②等挂梯的等电位电工身上应系报安绳，其尾绳头由地面电工配合拉紧。

③等电位电工攀登挂梯时，地面电工应将挂梯下端拉紧，使梯身垂直地面。

④导、地线弛度应随挂梯和等电位电工攀登而下降，加上人体高度后，带电体对地和对交叉跨越距离应满足《电业安全工作规程》要求。

⑤瓷横担线路和上、下层布线的上层导线不得使用挂梯作业。

（3）沿平体（包括转动平梯）进入

①平梯均以塔身为依托且基本垂直带电体组装，等电位

电工只能沿梯骑马式移至梯头进入电场，但每次移动距离不能过长。

②平梯组装后，其前端应有吊拉绳。吊拉绳与平梯的夹角大于30°。如梯长大于 2.5 m 时，梯身中间应增设吊拉绳。必要时，梯头两侧可增设控制绳，以增加梯身的稳固性。

③如因设备限制，沿平梯通道进入电场的安全距离（包括组合间隙）不能满足《电业安全工作规程》要求时，推荐采用转动平梯进入。

④转动平梯一般平行于导线组装，等电位电工移动至前端坐稳，地面电工利用梯间控制绳将梯身旋转至带电体附近并将其稳固后，等电位电工方可进入电场。

⑤采用转动平梯进入电场过程中，等电位电工与接地体（杆塔、拉线）及带电体的组合间隙均应满足《电业安全工作规程》要求。

（4）乘绝缘斗臂车的绝缘斗进入

①绝缘斗臂车适用于交通方便且布线复杂的场合进行等电位作业。

②绝缘臂是主绝缘，其最短有效绝缘长度及其耐压水平应符合《电业安全工作规程》规定。

③绝缘斗臂车应停固在作业处的最佳位置，使绝缘臂的伸缩、升降具有较大的活动空间。

④在预定作业处试操作一次，确认液压转动、回转、升降、伸缩系统工作正常，制动装置可靠后，再将空斗接触带电体 5 min，其泄漏电流最大值不得超过 500 μA。

试操作符合要求后，才能载人作业。

⑤利用绝缘斗臂车对 35 kV 设备进行作业时，由于其相间距离较小，应采取有效措施，严防绝缘斗同时触及两相导线。

⑥在使用过程中，除发动机不得熄火外，还应不断监视泄漏电流是否增大，绝缘斗是否下降，以便及时处理异常现象。

⑦凡具有上、下绝缘段而中间用金属连接的绝缘伸缩臂，在作业过程中，作业人员不得触及上、下绝缘段间的金属体。

⑧绝缘斗臂车移动时，绝缘伸缩臂应放在支架上。

（5）乘座椅（吊篮）进入

①座椅（吊篮）使用于 220～500 kV 塔高、线巨大的直线塔等电位作业。

②座椅（吊篮）四周必须用四根吊拉绳稳固悬吊。固定吊拉绳的长度，应准确计算或实际丈量，务求等电位电工进入电场后头部不超过导线侧第一片绝缘子。

③座椅（吊篮）的升降速度必须用绝缘滑车组严格控制，做到均匀、慢速，不得过快。进入电场时的多组合间隙放电电压必须满足要求。

（6）沿绝缘子串进入

①此种方法适用于沿双串耐张绝缘子串进入强电场或在其上更换单片绝缘子作业。直线绝缘子串一般不宜采用此种方法。

②采用此种方法的条件：组合间隙和经人体短接后的良

好绝缘子片数均需满足《电业安全工作规程》要求，二者缺一不可。否则，应采用其他作业方法，以确保人身安全。

③等电位电工沿绝缘子串移动时，手与脚的位置必须经常保持对应一致，且短接的绝缘子不得超过三片。

等电位电工所系保安绳，应绑在手扶的绝缘子上，并与等电位电工同步移动。

管理经验

带电作业的有关操作规定

1. 带电作业应在良好天气下进行。如遇雷电（听见雷声、看见闪电）、雪、雹、雨、雾不准进行带电作业。风力大于5级，或湿度大于80%时，一般不宜进行带电作业。

在特殊情况下，必须在恶劣天气进行带电抢修时，应组织有关人员充分讨论并编制必要的安全措施，经本单位分管生产领导（总工程师）批准后方可进行。

2. 对于比较复杂、难度较大的带电作业新项目和研制的新工具，应进行科学试验，确认安全可靠，编出操作工艺方案和安全措施，并经本单位分管生产领导（总工程师）批准后，方可进行和使用。

3. 参加带电作业的人员，应经专门培训，并经考试合格取得资格、单位书面批准后，方能参加相应的作业。带电作业工作票签发人和工作负责人、专责监护人应由具有带电作业资格、带电作业实践经验的人员担任。

4. 带电作业应设专责监护人。监护人不准直接操作。监护的范围不准超过一个作业点。复杂或高杆塔作业必要时应增设（塔上）监护人。

5. 带电作业工作票签发人或工作负责人认为有必要时，应组织有经验的人员到现场勘察，根据勘察结果作出能否进行带电作业的判断，并确定作业方法和所需工具以及应采取的措施。

6. 带电作业有下列情况之一者，应停用重合闸或直流再起动保护，并且不准强送电。

（1）中性点有效接地的系统中有可能引起单相接地的作业；

（2）中性点非有效接地的系统中有可能引起相间短路的作业；

（3）直流线路中有可能引起单极接地或极间短路的作业；

（4）工作票签发人或工作负责人认为需要停用重合闸或直流再起动保护的作业。禁止约时停用或恢复重合闸及直流再起动保护。

7. 带电作业工作负责人在带电作业工作开始前，应与值班调度员联系。需要停用重合闸或直流再起动保护的作业和带电断、接引线应由值班调度员履行许可手续。带电作业结束后应及时向调度值班员汇报。

8. 在带电作业过程中如设备突然停电，作业人员应视设备仍然带电。工作负责人应尽快与调度联系，值班调度员未与工作负责人取得联系前不准强送电。

案例精选

电站单相低压线路零相带电导致电击事故

1988年7月11日，某电站外线队长李某负责拆改七甲坪村七沟溪新屋组等地段的低压线路。在拆改线路过程中，当村民告诉其在新屋组方向上还有人在拉线，不能接火时，李某却说他自有办法，不听村民劝阻擅自登上狗山圩与新屋两对不同方向而共用的电杆上，先将新屋组方向的一根火线解脱缠到杆上，零线未动，与狗山圩方向的零线相通，后用钢丝钳夹住狗山圩方向的火线头与电源火线接通了一下。接通后，电流沿线通过灯泡的钨丝流至零线。由于零线的始端没有接到变压器零线接线柱上而缠在电杆上，电流不能与变压器形成回路，使零线对地电压升高，传至新屋方向电路，造成正在新屋地段拉线的村民张某、金某被电击倒。此时村民大喊电死人了，李某听到后没有相信，又第二次接通火线，致使张某被电击死，金某被击伤。

事故分析

李某某身为电站外线队负责人，施工中严重违反《电业安全工作规程》。接电前明知新屋地段上有人正在拉线，也听到别人喊不能接火，却还说自有办法，致使单相低压线路零钱带电，是造成此触电事故的直接原因。

法规标准

《电业安全工作规程》（电力线路部分）第43条规定：

“严禁约时停、送电。”

第 51 条规定：“完工后，工作负责人（包括小组负责人）必须检查线路检修地段的状况以及在杆塔上、导线上及瓷瓶上有无遗留的工具、材料等，通知并查明全部工作人员确由杆塔上撤下后，再命令拆除接地线。接地线拆除后，应即认为线路带电，不准任何人再登杆进行任何工作。”

第 216 条规定：“上杆前，应先分清火、地线，选好工作位置。断开导线时，应先断开火线，后断开地线。搭接导线时，顺序应相反。人体不得同时接触两根线头。”

知识与技能

低压带电工作注意事项

1. 低压带电工作应设专人监护，使用有绝缘柄的工具，工作时站在干燥的绝缘物上进行，并戴手套和安全帽。必须穿长袖衣工作，严禁使用锉刀、金属尺和带有金属的毛刷、毛掸等工具。

2. 高、低压线同杆架设，在低压带电线路上工作时，应先检查与高压线的距离，采取防止误碰带电高压部分的措施。

3. 在低压带电导线未采取绝缘措施时，工作人员不得穿越。在带电的低压配电装置上工作时，应采取防止相间短路和单相接地的隔离措施。

4. 上杆前应分清相、零线，选好工作位置。断开导线时，应先断开相线，后断开零线。搭接导线时，顺序应相反。一般不应带负荷接线或断线。

5. 人体不得同时接触两根线头。

6. 带电部分只允许位于工作人员的一侧。

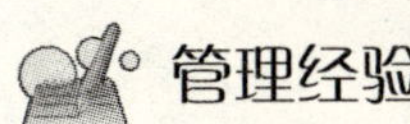

管理经验

停送电安全管理制度

1. 停送电必须严格执行停送电申请工作票制度，并由专业电工完成。

2. 停送电工作应严格执行《电气作业安全规程》操作，停电时必须遵守停电、验电、接地、悬挂标牌、装设遮拦的程序。

3. 认真执行工作监护人员应始终在现场，并对作业人员的安全负责。

4. 无论高压或低压停送电，必须明确停送电时间，并且严格遵守，如有变动，及时另行通知。

5. 在同一条线路带有两个以上单位时，若其中一个单位停电，在此停电时间，其他单位不得私自利用该停电时间进行检修电气设备和其他相关操作，如需检修必须办理停电手续后，方可进行检修。到送电时间，由检修单位持工作票到供电区域进行送电，并不再通知其他单位。

6. 在危及人身和设备安全的紧急情况下，现场人员可紧急停电。事后，补办停电手续。

7. 配电站跳闸后，作业人员或操作人员需立即上报各负责单位领导和总经理办公室，并由监管部上报动力厂调度和相关部门，并迅速查找原因，排除故障。

8. 故障排除后，由负责单位派专人到动力厂调度室或配电站说明情况并签字，由动力厂变配电人员送电。

案例精选

违规操作导致触电死亡事故

2000年12月21日上午，某供电公司所属某分局进行10 kV某分支线路更新工作。主要工作任务是：更换某分支32号4～5段导线，立32—4号杆并安装32—3、32—7号变台及架设变台两侧低压线。7时30分，工作负责人张某带队进入工作现场并宣读工作票及安全组织措施，同时将工作班人员分为5个小组。开工后，工作负责人张某在进行现场巡视检查时，发现负责立杆、放线的第五组在放线过程中需要跨越市某砂轮厂专线。该线路已废弃多年，三相导线已绕在一起，并固定在瓷瓶上，故认为该线路已无电。为方便施工，张某临时决定将该段线路拆除，并将拆除地点选择在交叉跨越点北侧耐张分支杆处。该耐张分支杆南北侧导线已断开，南侧导线为废弃导线，北侧与东侧分支导线相连接并带电。8时20分，工作负责人张某带领工人李某进行拆除该段导线的工作。由于两人对该档耐张分支实际情况不清楚，特别是将带电的北侧、东侧导线误认为是同一条废弃线路。李某登杆进行验电挂地线，负责人张某在地面监护。对该杆南侧导线（为废弃线路）验明无电后，准备封挂地线。在张某寻找合适的地线接地点时，杆上的李某在移动中触及带电导线，触电死亡。

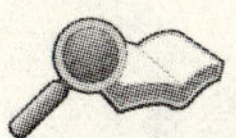

事故分析

工作负责人（监护人）完全没有尽到《电业安全工作规程》规定的安全责任，组织工作既不正确，也不安全，在采取技术措施（验电、挂地线）时也违反《电业安全工作规程》。同时，工作人员也没有尽到《电业安全工作规程》规定的安全责任，没能做到“认真执行本规程和现场安全措施，互相关心施工安全，并监督本规程和现场安全措施的实施。”是导致这起事故发生的原因。

法规标准

《电业安全工作规程》（电力线路部分）第60规定：“同杆塔架设的多层电力线路进行验电时，应先验低压、后验高压，先验下层、后验上层，先验近侧、后验远侧。禁止工作人员穿越未经验电、接地的10 kV及以下线路对上层线路进行验电。”

知识与技能

触电、雷击的急救处理

1. 触电急救

一旦发现触电者，不要直接触碰救援。首先需切断电源，如果是由电线引起触电，无法关断电源时，可以用木棒、板等将电线挑离触电者身体。救援者最好戴上橡皮手套，穿橡胶运动鞋等。如果发现触电者已停止呼吸，需马上作心、肺复苏术抢救。同时检查一下患者头部、胸部受伤和有无灼伤情况，并立即送医院。

2. 雷击急救

碰到闪电打雷时，要迅速到就近的建筑物内躲避。在野外无处躲避时，要将手表、眼镜等金属物品摘掉，找低洼处伏倒躲避，千万不要在大树下躲避。直接遭雷击的死亡率是很高的。未被雷直接击中的人，会出现如同触电一样的症状，这时应马上采取心、肺复苏术进行抢救。

管理经验

施工现场十大安全纪律

1. 施工人员必须进行安全培训且经考试合格后方可上岗。

2. 进入施工现场的人必须正确佩戴符合标准的安全帽。

3. 从事高处施工作业的人员必须经体检合格后方能上岗。

4. 班前不交底、工作无措施、安全设施不完善禁止施工。

5. 严禁私自拆改脚手架和挪用安全防护设施及安全标牌。

6. 禁止非起重指挥的人员指挥吊装机械移动和起吊重物。

7. 禁止私自使用、移动消防器材、消火栓及消防物品。

8. 着装不符规定、无胸卡的施工作业人员严禁进入现场。

9. 禁止饮酒后、无证车辆、无证驾驶人员进入施工

现场。

10. 严禁私自切断或堵塞施工道路，不允许在道路上作业。

案例精选

雨中带电作业引发线路跳闸事故

2005 年 8 月 18 日，某电业局 110 kV 柴张线进行综合检修。在此之前，工作负责人梅某并未进行过带电作业，仅学习十多天基础知识，在模拟杆塔上练习了几次“实际操作”，便在天气情况并不好的情况下带领工作班 11 人前往柴张线 65 号直线杆塔更换双串绝缘子中的一串。其更换方法是：用绝缘滑轮承受导线荷重，用绝缘操作杆拔出弹簧销子，杆塔上、下相互配合将绝缘子换下。工作过程中，当杆上人员挂好绝缘滑轮组，拔出弹簧销子，拟将绝缘子串脱离球头准备更换时，天突然下起小雨，但工作负责人并未及时停止作业，而是按作业班成员要求允许继续其进行杆上作业。当杆上工作人员准备组装新绝缘子串时，雨开始下大。直到杆上工作人员感到有麻电感觉，工作负责人才要求其下杆。杆上人员下杆不久，由于泄漏电流引起弧光接地，全线跳闸。事后检查，绝缘保险绳烧断，绝缘滑轮车组的绝缘绳烧断一部分。

事故分析

工作人员违规进行下雨天带电作业，致使泄漏电流增大、烧断绝缘绳，是发生此次事故的主要原因。当杆上工作人员提出“有麻电感觉”后，工作负责人由于缺乏带电作业经验，并未采取正确措施进行处理，只是要求作业人员下杆停止作业，并没有迅速地将绝缘滑车组和保险绳脱离导体，未能做到既考虑作业人员人身安全，又要考虑设备安全，是发生此次事故的次要原因。

法规标准

《电业安全工作规程》（电力线路部分）第 146 条规定：“带电作业应在良好天气下进行。如遇雷电（听见雷声、看见闪电）、雪、雹、雨、雾等，不准进行带电作业。风力大于 5 级，或湿度大于 80％时，一般不宜进行带电作业。在特殊情况下，必须在恶劣天气进行带电抢修时，应组织有关人员充分讨论并编制必要的安全措施，经本单位分管生产领导（总工程师）批准后方可进行。”

知识与技能

带电作业基本要求

1. 通过人体的电流必须限制在安全电流 1 mA 以下。

2. 必须将高压电场强度限制在人身安全和健康无损害的数值内。

3. 工作人员与带电体间距离应保证在电力系统中发生各种过电压时，不会发生闪络放电。人身与带电体的安全距离不得小于《电业安全工作规程》规定的数值。

4. 带电作业人员必须参加严格的技术培训，经考核合格后方可上岗，作业时要设专人监护。

5. 对于比较复杂、难度较大的带电作业，必须经过现场勘察，编制相应操作工艺方案和严格的操作程序，并采取可靠的安全技术组织措施。

6. 带电作业应在良好天气下进行。

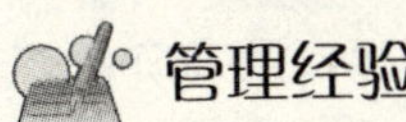

管理经验

电工的安全常识

1. 电气操作人员严格执行《电工安全操作规程》，对电气设备工具要进行定期检查和试验，凡不合格的电气设备、工具要停止使用。

2. 电工人员严禁带电操作，线路上禁止带负荷接线，正确使用电工器具。

3. 电气设备的金属外壳必须做接地或接零保护，在总箱、开关箱内必须安装漏电保护器实行两级漏电保护。

4. 电气设备所用熔丝，禁止用其金属丝代替，并且需与设备容量匹配。

5. 施工现场严禁使用塑料线，所用绝缘导线型号及截面必须符合临电设计。

6. 电工必须持证上岗，操作时必须戴好各种绝缘防护用品，不得违章操作。

7. 当发生电气火灾时应立即切断电源，用干沙灭火或用干粉灭火，严禁使用导电的灭火剂灭火。

8. 凡移动式照明，必须采用安全电压。

9. 施工现场临时用电施工，必须遵守施工组织设计和安全操作规程。

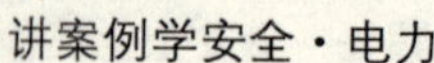

案例精选

架空线线路间放电引发断线事故

①某 35 kV 线路始建于 2006 年 9 月，2007 年 4 月 23 日经验收后投入运行，导线型号为 LGJ－120，最高负荷不超过 10 000 kW，在运行不到半年即发生了因与 10 kV 线路交叉跨越距离不足故障停电两次事故。

②2007 年 5 月 24 日中午，该 35 kV 线路 021－022 号杆 C 相导线与另一 10 kV 回路 053－054 号杆中导线由于交叉跨越距离不足，导致线路间放电，引起两回路停电事故，同时，还造成分支线 T 接杆悬式瓷瓶和避雷器分别被击穿。

③2007 年 8 月 19 日 12 时 30 分，该 35 kV 线路 088－089 号杆 C 相导线与 10 kV 导线由于交叉跨越距离不足，导致线路间放电，35 kV 线路导线截面损伤达 12%，10 kV 回路中导线发生断线事故。

事故分析

经现场事故调查分析，交叉跨越两处档距（021－022 号杆，088－089 号杆）分别为 320 m 和 380 m，属平地门型杆，对地距离 8.3 m 和 7.3 m，10 kV 线路中导线，对地距离 7.9 m 和 7.05 m。两处交叉跨越距离只有 0.4 m 和 0.25 m。而 35 kV 线路设计图中 021－022 号杆，088－089 号杆的图标档距分别为 200 m 和 250 m，由于天气炎热和负荷变化，导线金属发生物理反应，致使该两处档距弧垂下沉，造成线间放电。由此来看，造成交越放电断线事故的直

接原因是原施工单位没有严格执行《35 kV 架空电力线路施工及验收规范》（GB 50173—1992）中基坑定位规定："35 kV 架空电力线路不应超过设计档距的1%。"间接责任者为工程验收小组、公司工程监理小组、35 kV 巡线班在工程建设期间监理和验收、运行维护期间未及时发现这两处重大安全隐患。

法规标准

《电气安全管理规程》中有关架空线的管理规程

《电气安全管理规程》中第 89 条规定："架空线路导线、绝缘子、金具、杆塔和机械强度安全系数以及架空线路导线与地面的垂直距离，与建筑物的水平距离，与树木的垂直、水平距离，与各种架空管线的平行、水平距离等，均应符合 GBJ 61—83《工业与民用 35 kV 及以下架空线路设计规范》规定的数值。并应考虑最大弧垂或最大风偏。"

第 122 条规定："架空线路应定期巡视和检查，其周期应根据运行状况、地区环境及重要性等综合情况确定，一般情况下，35 kV 及以上架空线路，每月至少一次，10 kV 及以下架空线路，每季度至少一次。根据架空线路所承受负荷情况及绝缘子污秽情况，应适当进行夜间巡视。"

知识与技能

架空线路导线连接的基本要求

对架空线路导线的连接有以下几项基本要求：（1）接触

良好紧密，接触电阻小。（2）连接接头的机械强度应不低于导线抗拉强度的90%。（3）在线路连接处改变导线截面或由线路向下作T形连接时，应采用并沟线夹续接。（4）导线的连接一般可实行压接、插接、绕接或者焊接。但高压架空导线不宜实行焊接，因为焊接时必须将导线加热，导线加热后会造成退火，其机械强度降低，焊接处将成为薄弱环节。而高压架空线所承受的张力一般都较大，该薄弱环节往往断裂而造成事故。（5）导线的接头随导线材料不同而异。钢芯铝线、铝绞线相互连接时，一般采用插接法、钳压法或爆炸压接法；而铜线与铜线的连接一般采用绕接法或压接法。

管理经验

10 kV 架空线路事故防雷击的管理

1. 更换、安装支柱式绝缘子或瓷横担。支柱式绝缘子和瓷横担及针式绝缘子的耐雷水平及产品质量要好得多。

2. 安装氧化锌避雷器。在空旷的地区，由于没有高大建筑物引雷，雷直击线路经常发生，所以应在空旷的10 kV架空线路上安装线路型氧化锌避雷器，新安装的配网设备如配变、柱上开关、电缆头等也必须安装氧化锌避雷器，以加强对10 kV线路及设备的防雷保护；绝缘线路还要根据线路长度，安装一定数量的过电压保护器。

3. 选用安普线夹。在今后的10 kV线路改造和检修中，逐步淘汰并沟线夹作导线连接器，并严禁不用线夹而缠绕接线，应选用连接性能较好的安普线夹。

4. 检查、整改接地装置。定期检查测量 10 kV 线路上接地装置的接地电阻，不合格的给予整改，保证接地电阻值不大于 10 Ω。新安装的 10 kV 线路接地装置接地电阻也不宜大于 10 Ω，与 1 kV 以下设备共用的接地装置接地电阻不大于 4 Ω。

5. 加强线路班组的施工工艺培训（包括外包班组的培训），特别是针对一些线路上的新设备、新工器具，要定期举办讲解、培训课程，统一安装标准，如绝缘线接头绝缘化的处理、安普枪和安普线夹的规范使用。如条件允许，还可以在模拟线路定期举行施工现场教培工作。

案例精选

电工低压带电作业被身旁高压线击伤事故

2007 年 9 月 4 日下午 2 时，某地区 3 名电工在检修线路。一名工人介绍说，他们的工作是测一下额定电压 380 V 线路的电压，当时带班班长让小赵上去，小赵戴着安全帽、腰缠绳索爬上电线杆，爬到 380 V 电线上方时，不小心触到了另一条 10 kV 的高压线。当时路过的陈先生说，这名电工的上半身“砰”的一下着起火，他在空中不停地大声惨叫，脚挂在高压线上，头冲下悬挂在空中。下面的另外两名电工见状，赶紧携带灭火器上前营救，一名电工将小赵身上的火扑灭，随后关掉一条高压线电闸，将小赵用绳子缓慢放下。营救过程中，两辆消防车和一辆 120 急救车先后赶到。下午 2 时 30 分，小赵被成功救下，上半身的衣服已被全部烧毁，皮肤被烧得通红。随后，120 急救大夫将小赵抬上救护车，送往附近的医院。

事故分析

据调查分析，受伤的这名工人爬上电线杆去测 380 V 线路的电压，在爬到 380 V 电线上方时，由于误操作导致触碰到另一条 10 kV 高压电线被电伤。

法规标准

《电业安全工作规程》中低压带电作业的相关规定

《电业安全工作规程》(电力线路部分) 第 164 条规定：“低压带电作业应设专人监护，使用有绝缘柄的工具。工作时，站在干燥的绝缘物上进行，并戴绝缘手套和安全帽。必须穿长袖衣工作，严禁使用锉刀、金属尺和带有金属物的毛刷、毛掸等工具。”

第 215 条规定：“高低压同杆架设，在低压带电线路上工作时，应先检查与高压线的距离，采取防止误碰带电高压设备的措施。在低压带电导线未采取绝缘措施时，工作人员不得穿越。在带电的低压配电装置上工作时，应采取防止相间短路和单相接地的绝缘隔离措施。”

第 216 条规定：“上杆前，应先分清火、地线，选好工作位置。断开导线时，应先断开火线，后断开地线。搭接导线时，顺序应相反。人体不得同时接触两根线头。”

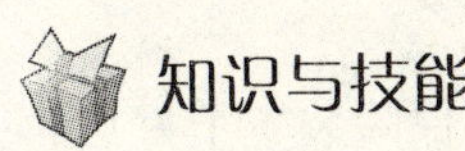

知识与技能

架空线路上工作的安全措施

1. 登杆工作

（1）登杆前应先检查杆根，是否超过安全期限，如超过安全期限或虽未过期限，但有疑问时，应检查杆根是否牢固。遇有地面冲刷、起土、上拔的塌杆，应先培土夯实或支好架杆，打好临时拉线（绳）后再行登杆。杉木杆糟朽杆径二分之一以上者，或松木杆糟朽杆径三分之一以上者，应打帮桩后再行登杆。新立电杆的杆基未夯实以前，禁止攀登。

（2）登杆前应检查登杆工具，如脚扣、安全带、梯子等是否牢靠。

（3）使用脚扣应符合下列规定

①脚扣大小应与电杆的直径相适应；

②脚扣上必须有大、小皮带，使用前应检查是否完整无损。如有豁裂或糟朽应换好后再用；

③使用胶皮脚扣登杆时，应检查胶皮层有无脱落、离骨及平滑现象；

④脚扣使用前，应检查是否已摔过，如开口过大，过小或歪扭等，都应进行修理。

（4）使用安全带应符合下列规定

①安全带使用前，应检查有无腐朽、脆裂、老化、断股等现象，所有钩环是否牢固，带上的眼孔有无豁裂；

②安全带上的钩环应有保险装置，防止自动脱钩；

③安全带应拴在可靠处，禁止拴在横担、戗板，杆尖上

以及将要撤换的部件上；

④安全带拴好后，首先将钩环钩好，保险装置上好后再行探身或后仰，禁止听响探身。在杆上转位时，不应失去安全带保护。

（5）使用梯子应符合下列规定

①梯子的长度应与施工场所的高度适应；

②梯子使用前，应检查是否牢固，有无劈裂。竹、木梯登应为榫连接；

③梯子的荷重应大于工作人的体重及所荷物的全部重量；

④梯子竖立与地面的夹角以60°为宜。在光滑及冰冻地面上应有防滑措施；

⑤梯子上的工作人员，不应探身，以防止重心偏移摔伤。同时必须把腿别在梯登中间，不要站在最上一层凳上工作；

⑥梯子应有专人扶着。梯子上有人工作时不应移动梯子根，且梯子下方不许过人；

⑦梯子如架在导线上或金属架构上，应有金属钩，金属钩与梯子连接必须牢固；

⑧梯子不应架在箱、桶、平板车等不稳固的物体上；

⑨杆上索梯子时，使用的小绳直径不宜小于15 mm；

⑩双梯（高凳）下端应设有限制开度的拉练。高度超过4 m时，下部应有人扶着，上边工作人员应尽量拴安全带作业。

（6）杆上、杆下传递工具、材料等，禁止上下抛掷，应

用小绳传递。小绳禁止拴在安全带上。

(7) 高空作业人员（包括地面辅助人员）应一律戴安全帽。帽壳内无弹力网绳者不许使用。冬季可用皮、棉帽代替安全帽。

高空作业时，杆下不许站人，并应注意行人与车辆。

2. 在带电线路邻近或交叉处工作的规定

(1) 在带电线路杆塔上的工作，只能在与导电部分相绝缘的部位上进行。

(2) 在邻近（或交叉）其他带电线路工作时，工作人员与带电线路的安全距离（包括跨越架子）不应小于下列数值：

10 kV，1.0 m；35 kV，2.5 m；

110 kV，3.0 m；220 kV，4.0 m。

检修的线路应可靠接地。

(3) 如果停电检修的线路在另外一带电线路上方，原则上应将下方带电线路停电，否则应制定安全措施，必须满足下列要求：

①带电与停电导线之间的安全距离符合第 2 条的规定；

②必须在带电线路上方搭跨越架或用高车等设备，并应有防止导线脱落、滑跑的措施。

(4) 使用绞车等牵引工具时，应接地。拆导线时，亦要将所拆的导线接地，以防止感应电压。

(5) 检修线路中某一段与带电线路邻近、平行时，应在检修的线路靠近带电线路的线段上挂好接地线。邻近带电的杆塔应挂有“禁止攀登，高压危险!”的标示牌。

(6) 遇有检修线路与带电线路平行段较长时，工作开始前，工作负责人应向参加工作的人员指明哪是检修的线路，哪是带电的线路，并使全体工作人员辨认清楚无误后，才能登杆工作，并应在带电线路的转角或地形有变化处的电杆上悬挂“禁止攀登，高压危险!”的标示牌。

(7) 同杆并架的线路，一路带电一路检修时，应设有专人监护。

(8) 邻近带电线路的停电工作，使用非绝缘绳索时，至带电导体的距离不应小于以下规定：

10 kV，1.0 m；35 kV，2.5 m；

110 kV，3.0 m；220 kV，4.0 m。

(9) 在与带电线路上方交叉的线路上进行检修并松动导线时，应在交叉处架设跨越架（或用高车），其架宽应比线路横担长出3米，并和线路中心位置相一致。跨越架两端应有拦线柱。

案例精选

临时工违章操作触电死亡事故

某年5月25日，某电业局一10 kV甲线发生接地故障，安排线路工区进行分段停电检查。由于现场人员将需要停电的10 kV甲线和另一10 kV乙线（两条线路同杆架设，甲线在上，乙线在下）误报为10 kV甲线和10 kV丙线，导致调度将上述两条线路停电，而没有对10 kV乙线停电。工作人员上杆塔工作前又未验电和挂接地线，造成上杆的工作人员（长期临时工）触电死亡。

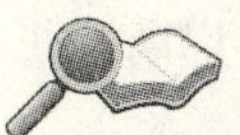

事故分析

这起事故直接原因是由于现场作业人员违章作业、不认真执行规章制度造成的。现场工作人员报错需要进行维修的电力线路，并且维修人员在进行维修工作前没有进行验电和挂接地线工作，最终导致触电事故的发生。

法规标准

《电力生产安全工作规定》中临时工的安全管理

《电力生产安全工作规定》第 58 条规定："临时工分散到车间（工区）、班组参加电力生产工作时，应接受电力企业值班负责人或检修负责人的领导。在安全管理，劳动保护用品发放上，应与本单位固定职工同等对待。"

第 59 条规定："禁止指派临时工单独从事有危险性的工作。若须参加有危险性的工作时，应在有经验的职工领导或监护下进行，并做好有效的安全措施。"

管理经验

停电检修作业中的安全措施

在检修工作中，工作人员应明确工作任务、工作范围、安全措施、带电部位等安全注意事项。工作负责人必须始终留在工作现场，对工作人员的安全认真监护，随时提醒工作人员注意安全。对需要进行监护的工作，如不停电检修工作和部分停电检修工作等，并指定专人监护。监护人应认真负责、精力集中，随时提醒工作人员应注意的事项，以防止可能发生的意外事故。

全部停电和部分停电的检修工作应采取下列步骤以保证安全。

1. 停电检修工作中，如人体与其他带电设备的间距较小，10 kV 及以下者的距离小于 0.35 m，20～35 kV 者小于 0.6 m 时，该设备应当停电，如距离大于上列数值，但分别小于 0.7 m 和 1 m 时，应设置遮拦，否则也应停电。停电时，应注意对所有能够给检修部分送电的线路，要全部切断，并采取防止误合闸的措施，而且每处至少要有一个明显的断开点。对于多回路的线路，要注意防止其他方面突然来电，特别要注意防止低压方面的反送电。

2. 放电。放电的目的是消除被检修设备上残存的静电。放电应采用专用的导线，用绝缘棒或开关操作，人手不得与放电导体相接触。应注意线与地之间、线与线之间均应放电。电容器和电缆的残存电荷较多，最好有专门的放电设备。

3. 验电。对已停电的线路或设备，不论其正常接入的电压表或其他信号是否指示无电，均应进行验电。验电时，应按电压等级选用相应的验电器；

4. 装设临时接地线。为了防止意外送电和二次系统意外的反送电，以及为了消除其他方面的感应电，应在被检修部分外端装设必要的临时接地线。临时接地线的装拆顺序一定不能弄错，装时先接接地端，拆时后拆接地端。

5. 装设遮拦。在部分停电检修时，应将带电部分遮拦

起来，使检修工作人员与带电导体之间保持一定的距离。

6. 悬挂标示牌。标示牌的作用是提醒人们注意。例如，在一经合闸即可送电到被检修设备的开关上，应挂上“有人工作，禁止合闸”的标示牌；在临近带电部位的遮拦上，应挂上“止步，高压危险”的标示牌等。

如何杜绝习惯性违章的发生

1. 强化职工的安全教育，提高职工的安全意识

在反违章工作中，强化对职工的安全意识教育极为重要。安全教育的目的是提高工作人员的安全意识和安全技能，树立“居安思危”“警钟长鸣”的防范意识和遵章守纪、确保企业长治久安的主人翁责任感。安全教育着重抓好安全思想教育和安全技术教育。而安全思想教育包括安全生产方针政策教育、企业优良传统教育、纪律教育、职业道德教育、法制教育和企业安全文化活动。安全技术教育要经常学习安全工作规程，使每个人都能熟悉理解规程以及执行、操作的要求，同时学习操作规程和工艺规程，并严格按照操作、工艺规程的要求，保质、保量、安全地完成各项生产任务；学习检修、试验和安全工器具等的使用方法、规定、标准，结合实际操作和技术讲解等方法进行培训。

2. 提高班组长素质，促进班组安全工作到位

因为班组长是安全生产管理的最前沿实践者，也是安全生产的直接执行者，称职的班组长是搞好基层安全生产的保证。班组长要具备一定的管理水平，且技术过硬，业务熟练，有责任心，善于团结他人一道工作。班组要建立健全各

项规章制度，奖惩分明，班组重点要控制未遂事故和异常现象的发生，对本班组发生的安全事件要做到“三不放过”的原则。另外在各项工作中要认真履行“两票三制”，确保“两票”合格率100％。

3. 加强生产现场工作监护制度的执行和安全监督检查制度的落实

各级安全监督机构和安监人员要经常深入车间、班组，施工现场，了解职工劳动保护情况，解决反违章中存在的问题，帮助、指导基层查隐患、促整改，纠违章、保安全。

4. 落实责任，分级负责；齐抓共管，纠正违章

企业要层层落实“三级”管理责任制，分解安全生产目标。在安全管理上要严格执行“安全第一，预防为主”的思想不变，行政第一负责人作为安全生产第一责任人的责任不变，贯彻执行各种行之有效的安全规章制度不变，从严强化安全生产的工作力度不变，安全生产重奖重罚的原则不变，党政工团齐抓共管，依靠广大职工抓好安全生产的传统不变。安全管理要变抓结果为抓过程，抓事后变为抓事前预防，抓粗放型管理变为抓严、细、实管理，抓管事变为抓管人为主。安全管理的严、细、实是杜绝违章行为的有力保障。

5. 从严考核，纠正违章

纠正违章就是要通过从严考核，使违章者及有关人员都有切肤之痛，把教训牢牢记心中，永不再犯。对违章指挥作业的干部或因管理性违章而造成作业人员违章的领导更要加倍处罚。要把安全考核从结果的考核转变为对违章事件过程

的考核，逐步形成全员、全过程的管理、切实做好预防工作。

案例精选

某 10 kV 线路带地线送电事故

1991 年 9 月 18 日，某电业局 35 kV 变电站 10 kV 出线电缆试验，用一张第一种工作票，开关、试验和低压三个班工作，总负责人为开关班范某，工作票办理开工手续后，范某即通知三个组工作，低压组为防止线路倒送电，自行在线路和 1# 杆电缆头至线路引线处挂一组接地线（后移至地缆处），电缆试验完毕后，开关和低压两个组分别恢复接线，开关组压上高压室内侧出线电缆，工作负责人范某既未接到低压组竣工报告，也没到 1# 杆检查，自认为低压组也工作完毕，便办理了工作终结手续，此时 1# 杆上还有人工作，并挂有地线。线路合开关时造成带地线送电，侥幸未造成严重伤亡。

事故分析

发生此次事故的直接原因是由于检修工作负责人范某对工作极端不负责任，身为工作负责人，在未得到全部工作组工作结束报告的情况下，对所有检修设备办理了工作票终结手续，导致了在工作班人员，被弧光灼伤，开关掉闸的恶性事故，范某应负此次事故的直接责任。

法规标准

《电业安全工作规程》中第一种工作票制度的相关规定

《电业安全工作规程》（电力线路部分）第 30 条规定："填用第一种工作票的工作为：

在停电线路（或在双回线路中的一回停电线路）上的工作；在全部或部分停电的配电变压器台架上或配电变压器室内的工作。所谓全部停电，系指供给该配电变压器台架或配电变压器室内的所有电源线路均已全部断开者。"

工作终结和恢复送电制度

《电业安全工作规程》（电力线路部分）第 51 条规定："完工后，工作负责人（包括小组负责人）必须检查线路检修地段的状况以及在杆塔上、导线上及瓷瓶上有无遗留的工具、材料等，通知并查明全部工作人员确由杆塔上撤下后，再命令拆除接地线。接地线拆除后，应即认为线路带电，不准任何人再登杆进行任何工作。"

第 52 条规定："工作终结后，工作负责人应报告工作许可人，报告方法如下：a. 从工作地点回来后，亲自报告；b. 用电话报告并经复诵无误。电话报告又可分为直接电话报告或经由中间变电所转达两种。"

第 54 条规定："工作许可人在接到所有工作负责人（包括用户）的完工报告后，并确知工作已经完毕，所有工作人员已由线路上撤离，接地线已经拆除，并与记录簿核对无误

后方可下令拆除发电厂、变电所线路侧的安全措施，向线路恢复送电。”

知识与技能

带电检修时的注意事项

带电检修工作应注意以下问题：

1. 低压带电工作应设专人监护，使用有绝缘柄的工具，工作时站在干燥的绝缘物上进行，并戴手套和安全帽。必须穿长袖衣工作，严禁使用锉刀、金属尺和带有金属的毛刷、毛掸等工具。

2. 高、低压线同杆架设，在低压带电线路上工作时，应先检查与高压线的距离，采取防止误碰带电高压部分的措施。

3. 在低压带电导线未采取绝缘措施时，工作人员不得穿越。在带电的低压配电装置上工作时，应采取防止相间短路和单相接地的隔离措施。

4. 上杆前应分清相、零线，选好工作位置。断开导线时，应先断开相线，后断开零线。搭接导线时，顺序应相反。一般不应带负荷接线或断线。

5. 人体不得同时接触两根线头。

6. 带电部分只允许位于工作人员的一侧。

四、配电环节常见事故案例分析

案例精选

粗心大意触电身亡事故

2005年4月20日，某局安装公司检修班班长安排工作负责人李某带领赵某去某台区处理配变渗油缺陷，未办理工作票。12时20分，两人来到台架旁断开跌落熔断器（高压线上侧装有隔离开关）后，李某就在下边监护，赵某登上台架对高压侧A相套管进行防渗油处理。这时赵某的熟人路过此地，赵某举扳手与之打招呼，触碰A相上端直接放电，从台架上摔下，经现场抢救无效死亡。

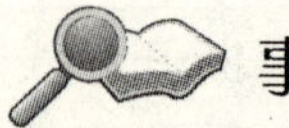

事故分析

经过调查分析，这起事故的原因如下：

1. 赵某在台架上工作时，自我保护意识差，思想麻痹，注意力不集中，粗心大意，违反《电业安全工作规程》（电力线路部分）第105条作业人员活动范围及其携带的工具、材料等与带电导线（10 kV电压等级）的最小安全距离不得小于0.7 m的规定，造成直接与带电部位接触，是发生这次事故的直接原因。

2. 工作班人员图省事、怕麻烦，违反《电业安全工作规程》的规定，只断开了跌落熔断器，未断开上侧高压隔离开关，是发生这次事故的主要原因。

3. 工作负责人李某违反《电业安全工作规程》第 120 条“配电变压器台（架、室）停电检修时，应办理第一种工作票……”的规定，未办理工作票，未对赵某说明注意事项和带电部位是发生这次事故的又一主要原因。

法规标准

《电业安全工作规程》关于配电变压器台操作的法规

《电业安全工作规程》（电力线路部分）第 120 条规定：“配电变压器台（架、室）停电检修时，应使用第一种工作票；同一天内几处配电变压器台（架、室）进行同一类型工作，可使用一张工作票。高压线路不停电时，工作负责人应向全体人员说明线路上有电，并加强监护。”

第 121 条规定：“在配电变压器台（架、室）上进行工作，不论线路已否停电，必须先拉开低压刀闸不包括低压熔断器（保险），后拉开高压隔离开关（刀闸）或跌落式熔断器（保险），在停电的高压引线上接地。上述操作在工作负责人监护下进行时，可不用操作票。”

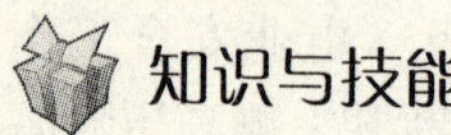

知识与技能

配电设施的安全操作程序

1. 安全操作注意事项

（1）操作高压设备设施时，必须戴绝缘手套、穿棉工作服、使用绝缘操作杆。

（2）操作低压设备设施时，必须穿绝缘鞋、戴棉纱手套、避免正向面对操作设备。

（3）严禁带电工作，紧急情况需带电作业时，需具备如下条件：有监护人；工作场地空间足够，光线足够；所用工具材料齐全（绝缘平口钳、斜口钳、尖嘴钳、螺钉刀、电工胶布等）；工作人员必须穿戴绝缘手套、棉工作衣、绝缘鞋。

（4）自动空气开关跳闸或熔断器熔断时，应查明原因并排除故障后，在行恢复供电。不允许强行送电，必要时允许试送电一次。

（5）电流互感器不得开路、电压互感器不得短路、不得用摇表测量带电体的绝缘电阻。

（6）变配电房拉、合闸时，应一人执行一人监护。

2. 供配电设备设施安全操作

（1）配电变压器停电的操作要领：

①拉开各低压出线开关；

②拉开低压总开关；

③拉开配电变压器高压侧开关。

（2）自发电停电的操作要领：

①拉开发电机配电柜总开关；

②关掉发电机控制电源。

(3) 配电变压器送电的操作要领：

①合上配电变压器高压侧开关；

②合上低压总开关；

③合上各低压出线开关。

(4) 自发电送电的操作要领：

①合上发电机控制电源；

②合上发电机配电柜总开关。

(5) 在配电变压器上工作前，操作要领如下：

①拉开高、低压两侧电源；

②验电，确认无电；

③两侧分别挂三相短路接地线；

④高安全围栏，挂上："有人工作，禁止合闸" 标示牌于高、低压开关处。

(6) 在配电柜开关上工作前，操作要领如下：

①拉开开关、有明显的开路点；

②验电，确认无电；

③挂三相短路接地线；

④设置绝缘隔板（与邻近带电体距离在 6 cm 以下者）；

⑤挂上"有人工作，禁止合闸"标示牌于停电开关处；

⑥站在绝缘垫上工作，尽量单手作业。

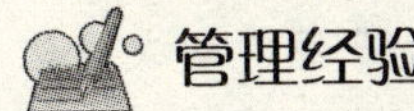

管理经验

维修电工岗位安全生产责任制管理

1. 对班长负责，对本岗位安全生产工作负直接责任，有权拒绝违章指挥。

2. 认真遵守和执行电业安全方针，各种规程，规章制度，积极参加各种技术学习和安全活动，不断增强技术素质和安全意识。

3. 按照设备大修、维护、保养周期，在班长领导和安排下，负责保质保量地完成，并保证施工现场工完、料净、场地清。

4. 认真完成站里交给的各项生产任务和临时性生产任务，做到不折不扣，不应付了事。

5. 严格认真地对各生产岗位的电气设备，进行巡回检查，发现问题及时处理，处理不了的应向班长或站里汇报，保证电气设备处于完好状态。

6. 负责本岗和生产区各低压室、低压盘、动力配电箱、照明配电箱，每两周一次的卫生清扫和每月一次的电动阀检查填卡。

案例精选

带负荷拉刀闸导致停电事故

1995 年 6 月 17 日 8 时 40 分，四川某厂空气压缩机值班员何某接分厂调度员指令：启动 4＃机组；停运 1＃机组或 5＃机组中的一组。何某到电气值班室，与电气值班员王某（副班长）和吴某商定：启动 4＃机组后停运 1＃或 5＃中的一组。王某就随何某去现场操作，吴某留守监盘。9 时，4＃机组被现场启动，然后 5＃机组现场停运。这时，配电室发出油开关跳闸的声音。

电气值班室的吴某判断5＃机组已经停运，于是，独自去高压配电室打算拉开5＃油开关上方的隔离刀闸。但是，她错误地拉开了正在运行的1＃机组的隔离刀闸，“嘭”的一声巨响，隔离刀闸处弧光短路，使得314线路全线停电。

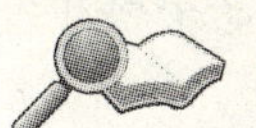

事故分析

造成这起误操作事故的原因首先是违反“监护制”。电气值班室的吴某在无人批准的情况下，擅自离开监盘岗位，违反“一人操作、一人监护”的规定，独自一人去高压配电室操作，没有看清楚动力柜编号，没有查看动力柜现场指示信号，也没有按照规程进行检查，就错误地拉开了正在运行的1＃机组的隔离刀闸，是事故的直接原因。

间接原因是副班长王某的组织工作有疏漏：

1. 商定“启动4＃机组后停运1＃或5＃中的一组”，其实没有定。应该明确，到底是1＃还是5＃，使得在场人员都心中有数。

2. 负责人王某离开监盘岗位去现场，没有把吴某的工作职责作出明确交代，在现场操作后又没有及时通知吴某，负有领导责任。

3. 事故发生是平时管理不严、劳动纪律松弛、执行安全操作规程不严格、值班人员素质差等原因的必然结果。

法规标准

《电业安全工作规程》
关于电气检修人员职责的规定

《电业安全工作规程》（热力和机械部分）第75条规定："工作负责人应对下列事项负责：

（1）正确地和安全地组织工作；

（2）对工作人员给予必要指导；

（3）随时检查工作人员在工作过程中是否遵守安全工作规程和安全措施。"

第76条规定："工作许可人（值长、运行班长或指定的值班人员）应对下列事项负责：

（1）检修设备与运行设备确已隔断；

（2）安全措施确已完善和正确地执行；

（3）对工作负责人正确说明哪些设备有压力、高温和有爆炸危险等。"

知识与技能

电气工作监护制度

工作监护制度是指检修工作负责人带领工作人员到施工现场，布置好工作后，对全班人员不断进行安全监护，以防止工作人员误走（登）到带电设备上发生触电事故；误到危险的高空，发生摔伤事故；以及错误施工造成的事故。同时工作负责人因事离开现场必须指定临时监护人。在工作地点

分散，有若干个工作小组同时进行工作，工作负责人必须指定工作小组监护人。监护人在工作中必须履行其职责，所有这种制度叫工作监护制度。

工作监护制度是保证人身安全及操作正确的主要措施。执行工作监护制度为的是使工作人员在工作过程中有人监护、指导，以便及时纠正一切不安全的动作和错误做法，特别是在靠近有电部位及工作转移时更为重要。监护人应熟悉现场的情况，应有电气工作的实际经验，其安全技术等级应高于操作人。

1. 完成工作许可手续后，工作负责人（监护人）应向工作班人员交代现场安全措施、带电部位和其他注意事项；工作负责人（监护人）必须始终在工作现场对工作班人员的安全认真监护。

2. 所有工作人员（包括工作负责人）不许单独留在高压室内和室外变电所高压设备区内，如工作需要（如测量、试验等）且现场允许时，可准许有经验的一人或几人同时在他室进行工作，但工作负责人在事前应将有关安全注意事项予以详尽的指示。

3. 带电或部分停电作业时，应监护所有工作人员的活动范围，使其与带电部分保持安全距离，监护工作人员使用的工具是否正确，工作位置是否安全，操作方法是否正确等。

4. 监护人在执行监护时，不得兼做其他工作，但在下列情况下，监护人可参加工作班工作：

在全部停电时；在变、配电所内部分停电时，只有在安全措施可靠，人员集中在一个地点，总人数不超过三人时；所有室内、外带电部分，均有可靠的安全遮栏足以防止触电的可能，不至于误碰导电部分时。

5. 工作负责人或工作票签发人，应根据现场的安全条件、施工范围、需要等具体情况增设专人监护和批准被监护的人数；专责监护人不得兼做其他工作。

6. 工作期间，工作负责人若因故必须离开工作点时，应指定代替人，交代清楚，并告知工作班人员；返回时，也应履行同样的交接手续；工作负责人需长时间离开，应由原工作票签发人变更新的工作负责人，两工作负责人应做好必要的交接。

7. 值班员如发现工作人员违反安全规程或任何危及工作人员安全的情况时，应向工作负责人提出改正意见，必要时可暂时停止工作，并立即报告上级。

管理经验

带负荷拉刀闸的危害与预防

1. 带负载拉闸是操作中的一个违章做法，如果是不带灭弧装置的刀闸等去直接断开线路上的负荷，虽然现在可以是有线甚至是无线的遥控方式，确实可以做到不因为电弧而伤人，但是由于没有灭弧装置的刀闸在断开（或者合上）的瞬间，刀闸的动、静触头之间，或者是相邻两相之间，会由于线路上带有的大负载在通、断瞬间产生很大电流和很高电压的“反电动势”电流，使相与相之间空气被击穿而产生电源短路现象，或者是由于大电流的电弧而烧伤甚至损坏刀闸

的动、静触点。这样的情况其结果将影响到设备甚至是线路的安全，所以是严禁带载控制无灭弧装置的刀闸的通断的，而这类刀闸，一般多用于线路上作隔离刀闸的使用，是不带负载操作的。

2. 带负荷拉合刀闸在电力系统属于恶性误操作事故。是一个很忌讳的误操作行为。隔离开关的作用只是使被检修设备有足够可见的安全距离，建立可靠的绝缘间隙，保证检修人员及设备的安全，所以它不具备切断负荷电流和短路电流的能力。

3. 带负荷拉合刀闸的危害

带负荷拉合刀闸属于恶性误操作事故。在出现带负荷拉合刀闸时，拉弧形成导电通道造成相间短路，直接危及操作人员生命和对设备造成损坏，严重威胁电网的安全运行。

4. 带负荷拉合刀闸的防误措施

为避免此类事故的发生，《电业安全工作规程》对操作中的接受操作命令，填写操作票、模拟操作、操作监护、拉闸操作的顺序等都作了详细规定。为防止误操作，高压电气设备加装防误操作的闭锁装置。闭锁装置的解锁用具（包括钥匙）应妥善保管，按规定使用，不准私自违规解锁。机械锁要一把钥匙开一把锁，钥匙要编号并妥善保管，方便使用。这些措施的实施，在一定程度上减少带负荷拉合倒闸的发生。要根本上杜绝此类情况的发生，关键是加强人员的安全意识教育，掌握业务技术的含金量。

案例精选

电线绝缘破坏导致电击事故

2002年9月11日，因台风下雨，某工程人工挖孔桩施工停工，天晴雨停后，工人们返回工作岗位进行作业，约15时30分，又下一阵雨，大部分工人停止作业返回宿舍，25号和7号桩孔因地质情况特殊需继续施工（25号由江某某等两人负责），此时，配电箱进线端电线因无穿管保护，被电箱进口处割破绝缘造成电箱外壳、PE线、提升机械以及钢丝绳、吊桶带电，江某某触及带电的吊桶遭电击，经抢救无效死亡。

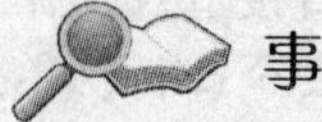

事故分析

经过调查分析，造成这起事故的原因如下：

直接原因：

1. 电源线进配电箱处无套管保护，金属箱体电线进口处也未设护套，使电线磨损破皮。

2. 重复接地装置设置不符合要求，接地电阻达不到规范要求。

3. 电气开关的选用不合理、不匹配，漏电保护装置参数选择偏大、不匹配。

间接原因：

1. 现场用电系统的设置未按施工组织设计的要求进行。

2. 现场施工用电管理不健全，用电档案建立不健全。

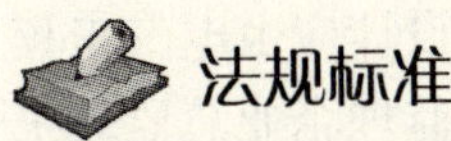

法规标准

《施工现场临时用电规范》
关于施工现场临时用电的法规

《施工现场临时用电规范》第 5.3.2 条规定："TN 系统中的保护零线除必须在配电室或总配电箱处做重复接地外，还必须在配电系统的中间处和末端处做重复接地。在 TN 系统中，保护零线每一重复接地装置的接地电阻值应不大于 10 Ω。在工作接地电阻允许达到 10 Ω 的电力系统中，所有重复接地的等效电阻值不应大于 10 Ω。"

第 8.1.16 条规定："配电箱、开关箱的进、出线口应配置固定线卡，进出线应加绝缘护套并成束卡固在箱体上，不得与箱体直接接触。移动式配电箱、开关箱的进、出线应采用橡皮护套绝缘电缆，不得有接头。"

知识与技能

施工现场临时用电注意事项

1. 临时用电施工组织设计

施工现场用电设备在 5 台及以上或设备总容量在 50 kW 及以上，应编制临时用电施工组织设计。用电施工组织设计应包括的内容有：现场勘探；确定电源进线、配电房、总配电箱、分配电箱、设备及开关箱的位置、线路走向；进行负荷计算；选择变压器容量、导线截面和电器的类型、规格；绘制电气平面图、立面图和接线系统图；制定安全用电技术措施和电气防火措施。临时用电施工组织设计应由电气工程技术人员编制，经施工企业技术负责人和监理企业总监理工程师审批后实施。

2. 线路敷设

施工现场用电线路的敷设应架空或埋地敷设。室外架空电线最大弧垂与地面的距离 4.0 m 以上，室内线路距地面高度 2.5 m 以上，电缆线路最大弧垂与地面的距离 2.5 m 以上。室内灯具安装高度 2.4 m 以上，室外灯具 3.0 m 以上。电线杆应使用混凝土杆或直径大于 130 mm 的木杆，架空线路应与外脚手架保持 1 m 以上的水平距离，上楼层的线路应加套管设置于建筑物预留管道井口，或建筑物外墙，不得与外脚手架相连。电缆埋地敷设埋深不小于 0.6 m，经过道路等易受损伤场所应加设套管。电线及电缆外皮应完好，绝缘良好。

3. 配电箱和开关箱

电箱应采用铁板或优质绝缘材料制作，铁板厚度大于 1.5 mm。配电箱和开关箱应进行编号，并标明其名称、用途，配电箱内多路配电应作出标记。电线进电箱后应首先经过隔离开关，用闸刀开关作为隔离开关。电线应从电箱箱体的下底面进出，电箱进出线口处应作套管保护。电器安装板应用金属板或绝缘板，若用金属板，则金属板应与箱体作电气连接。电箱的安装应符合以下要求：分配电箱与开关箱的距离不得超过 30 m，开关箱与其控制的固定式用电设备水平距离不得超过 3 m；固定式配电箱与开关箱的下底面与地面垂直距离应大于 1.3 m，少于 1.5 m；移动式配电箱与开

关箱，下底面与地面垂直距离应大于 0.6 m，少于 1.5 m。电箱安装位置应能防水防潮、操作方便，电箱前方不得堆放物料或有其他影响操作的障碍。

4. 三级配电两级保护

施工用电系统必须做到三级配电两级保护，三级配电即在总配电箱以下设分配电箱，分配电箱以下设置开关箱，最后从开关箱接线到用电设备。两级保护指至少应设置总漏电保护和开关箱漏电保护两级保护。施工现场应按“一机一箱一闸一漏”设置，即一台设备有一个专用的开关箱，开关箱里有一个闸刀开关和一个漏电保护器。漏电保护器应满足以下要求：总配电箱和开关箱中两级漏电保护器的额定漏电动作电流和额定漏电动作时间合理配合，形成分级分段保护。开关箱内漏电保护器额定漏电动作电流≤30 mA，额定漏电动作时间≤0.1 s；线路先经过闸刀电源开关，再到漏电保护器，不能反装；漏电保护器动作灵敏，不出现不动作或者误动作。

5. 保护零线的设置

施工现场专用的中性点直接接地的电力线路必须采用接零保护系统，专用保护零线应由工作接地线、配电室的零线或第一级漏电保护器电源侧的零线引出，单独敷设，不作他用。保护零线除必须在配电室或总配电箱处作重复接地外，还必须在配电线路中间处和末端处作重复接地，每一处重复接地电阻应不大于 10 Ω。保护零线应采用绿黄双色线，任何情况下均不得用绿黄双色线作负荷线。保护零线应跟随线路至末端，与电气设备（包括电箱）外壳相连。

6. 电工操作

安装、维修或拆除临时用电工程，必须由电工完成。电工操作属于特种作业，特种作业由于对操作者本人及他人和周围设施的安全有重大危害因素，因此需经过国家规定的有关部门（目前主要是由各级安全生产监督管理局负责）组织的特种作业人员安全培训，在取得操作证后方准其独立作业。电工作业时应正确穿戴相应的劳动防护用品。

管理经验

临时用电的规范管理

随着路桥建设、修房建屋、农田水利等临时用电呈急剧上升趋势，且形成了很大的市场，但在一些地方存在着忽视管理的现象，导致电量流失、线损偏高、安全隐患等诸多不规范。

在临时用电规范管理上，主要应做到四个到位：首先要勘察到位。供电企业对临时用电必须现场勘察后，确认不在电力设施保护区内，不影响安全施工和安全用电方可办理临时用电手续；其次要建档到位。凡是临时用电业务都要建立客户档案，使用电申请、供用电协议、供电方案、业务审批等资料一应俱全，在营销管理系统中建立客户的临时用电管理档案，做到翔实、准确、完整；再次要计量到位。对临时用电都要装表计量，按用电性质和国家规定的电价标准计量收费。这样，不仅可杜绝无表用电和乱收费现象，又可减少营业漏洞，提高企业效益，还增加了用电透明度；最后是安全管理到位。对路桥建设、企业前期施工建设等规模性、时

间性较长的临时用电必须有专业电工，对农村修房建屋、临街摊点用电要做好安全用电知识的宣传指导。同时，要落实安全责任，明确安全责任人，经常检查指导临时用电客户的安全用电，及时消除安全隐患，确保安全用电。

因此，规范临时用电管理，这既是开拓电力市场的需要，也是优质服务的需要。只有不断加强临时用电规范管理的宣传，指导、帮助临时用电客户规范用电，做到服务、管理双管齐下，这样才能使临时用电达到用电临时、管理规范、长效。

案例精选

更换电表触电死亡事故

2006 年 8 月 4 日，根据某供电营业所安排，电工组倪某某（工作班成员，死者，男，29 岁，电工组副组长）、供电营业所涂某某（工作负责人，供电所副所长）持低压第二种工作票进行钟洪意台区、木鱼山台区低压计量总表更换工作。7 时 45 分工作开始，在完成了钟洪意台区低压计量总表更换工作后，于 9 时 35 分到达木鱼山台区，倪某某登上台架检修平台展开电表更换工作，涂某某在台区附近进行台区清查工作、登录有关台区数据（参数）。约 9 时 45 分，涂某某听见台架上发出碰击声，随即大声呼唤倪某某，见倪无反应，查看发现倪某某左手虎口处和一黄色单股电源线粘连，于是就用绝缘棒将黄颜色绝缘线从倪的左手虎口处挑开，倪某某脱离电源后从台区检修平台与台架的空当处滑下来，涂某某用手托住其腰部，呼唤两声无反应后，随即将倪某某平躺在台架下的草地上采用心肺复苏法进行抢救。后有一路人骑摩托车从此路过，在涂某某的呼救下，与涂一起将倪某某抬到离台区约 10 m 的平地处继续对其实施心肺复苏法抢救，抢救的同时电话求救。该供电营业所和当地卫生院在接到涂某某的呼救电话后，立即派人驱车往现场施救，最终倪某某经抢救无效死亡。

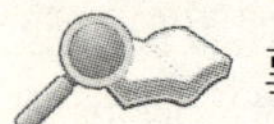

事故分析

事故发生后，事故调查小组对事发现场进行实地勘察，对事故中工作监护人进行询问调查，经过分析造成这次事故的主要原因有：

1. 配电台区更换电能表，未按规定停电作业；

2. 在进行低压间接带电作业时，未取下作业范围内电气回路中的电压保险；

3. 在进行低压间接带电作业时，工作人员未按要求戴绝缘手套造成误碰电压线带电部分；

4. 工作负责人没有认真履行应有职责，监护过程中现场监护不到位；

5. 工作票签发人没有认真审票即签发，工作票中安全措施不齐全、不可靠；

6. 工作许可人没有严格执行工作许可制度，没有向工作负责人逐项交代安全措施。

法规标准

《电业安全工作规程》中关于停电检修的规定

《电业安全工作规程》（发电厂和变电所电气部分）第67条规定：“工作地点，检修的设备必须停电。”

《电业安全工作规程》（电力线路部分）第138条规定：“工作开始以前，工作负责人应向参加的工作人员指明哪一回线路已经停电，哪一回线路仍带电，以及工作中必须特别注意的事项。”

知识与技能

带电作业安全注意事项

带电作业根据人体所处的电位高低可分为间接作业法、中间电位作业法和等电位作业法3种。间接作业法是指人处于地电位，通过绝缘工具代替人手对带电体进行作业，其特点是工作人员不直接接触带电体；中间电位作业法是指在人体与地绝缘的情况下，利用绝缘工具接触带电体的作业法，其特点是工作人员处于中间电位，不与带电体直接接触，这种作业法常用于220 kV及以上的线路；等电位作业法是指人体与地绝缘的情况下，工作人员直接到带电体上进行工作等，这种作业法也称直接作业法。

1. 带电作业安全的基本要求

（1）通过人体的电流必须限制在安全电流1 mA以下。

（2）必须将高压电场强度限制在人身安全和健康无损害

的数值内。

（3）工作人员与带电体间距离应保证在电力系统中发生各种过电压时，不会发生闪络放电。人身与带电体的安全距离不得小于《电业安全工作规程》规定的数值。

（4）带电作业人员必须参加严格的技术培训，经考核合格后方可上岗，作业时要设专人监护。

（5）对于比较复杂、难度较大的带电作业，必须经过现场勘察，编制相应操作工艺方案和严格的操作程序，并采取可靠的安全技术组织措施。

（6）带电作业应在良好天气下进行。

2. 使用绝缘操作杆与绝缘工具作业时的安全技术要求

使用绝缘操作杆进行带电作业时，操作人员处于地电位或中间电位，并与带电体保持一定的安全距离，利用各种绝缘工具进行作业。这种方法从安全上考虑，主要是在满足安全距离的基础上，要求使用的绝缘工具的绝缘强度，必须大于系统可能发生的最大过电压值。

一般绝缘工具大都装有金属部件。如经常使用的操作杆，为了适应不同的电压等级及携带方便，通常都由 2～3 节组装而成，而相互之间一般都有金属接头，操作杆端头部根据不同的工作需要安装不同的操作头。如推拉隔离开关或跌落式熔断器用的挂钩，取弹簧销用的各种金属器械。在计算绝缘杆长度时，必须减去金属部件的长度。一般将减去金属部分后的绝缘工具的长度称为有效长度。绝缘承力工具和绝缘绳索的有效长度不得小于《电业安全工作规程》规定的数值。

在用间接作业法和中间电位作业法时，安全技术上还应特别注意静电感应的问题。作业时人员与带电体的距离比较近，经常活动在高压电场中，由于带电体与非接地体和大地之间存在着杂散电容，故发生电容充电。当工作人员对地绝缘时，一旦人体的某一部分与杆塔、构架或其他接地物体相碰触，或与对地绝缘的导电体接触时，都会发生人身触电现象，造成人员伤亡。

3. 低压带电作业的安全技术

（1）低压带电作业应设专人监护，使用有绝缘柄的工具。工作时，站在干燥的绝缘物体上进行，并戴绝缘手套和安全帽。必须穿长袖衣衫工作，严禁使用锉刀、金属尺和带有金属物的毛刷等工具。

（2）高低压同杆架设，在低压带电线路上工作时，应先检查与高压线路的距离，采取防止误碰高压带电设备的措施。在低压带电导线未采取绝缘措施时，工作人员不得穿越。在低压配电装置上工作时，应采取防止相间短路和单相接地的绝缘隔离措施。

（3）上杆前，应先分清相线、零线，选好工作位置。断开导线时，应先断开相线，后断开零线。搭接导线时，顺序相反。人体不得同时接触两根线头。

4. 带电作业工具的有关要求

（1）带电作业工具的现场使用与要求。在装车前将绝缘工具用专用帆布袋包装，长途运输应装入专用工具袋内，铝合金工具、收紧杠和液压紧线器等，要装入专用的工具箱内，并应放平放稳，严防挤压和碰撞；现场使用的带电作业工具，要放在防潮布上，不允许随意放在地上以免沾染尘土或受潮；在使用绝缘杆（件）或其他硬质绝缘材料制成的带电作业工具前，要对绝缘工具的表面进行认真检查，表面必须完好无损，用2 500 V兆欧表测定绝缘电阻，有效长度的电阻值不应低于1 000 MΩ；作业人员要戴干净的线手套，严禁赤手触摸绝缘工具；杆塔上装拆带电作业工具要用无头绳传递，严禁落地或脚踩。

（2）带电作业工具的保管。带电作业工具应存放在清洁、干燥、通风的专用房间内，房内应设有红外线干燥设备，冬季取暖设备应关闭，防止温差使绝缘工具结露受潮；带电作业工具要设专人管理；保持库房清洁，工具编号注册并及时填入机电性能试验数据；制定工具保管使用制度，对损坏的工具要及时维修，发现不合格工具要及时处理或淘汰。

案例精选

约时送电导致电击伤亡事故

2004年5月13日某大型鸡场发生一起触电死亡事故。该鸡场有一台50 kVA配电变压器，安装在离鸡场500 m远处。该变压器及以下线路产权归鸡场。鸡场内部电工专门负责这段线路维修。下午4时，鸡场院内电杆上出现故障。急需处理。该电工看工作量不大。为给鸡场节约资金，决定自行处理。他将配电房内电源开关断开后。为省事临时叫一位村民留下看守，并让他到下午6时将刀开关合上再将房门锁上。此电工进鸡场后不料因其他事和别人发生争吵，耽误了

一些时间。他一人上电杆后，天又下起雨来。忙乱中又忘记了约定送电的时间。结果到了下午6时，那村民看到下起小雨要急于回家。其误以为该电工已干完活，遂合上刀开关，致使鸡场电工被电死在电杆上。

事故分析

经过调查分析，该电工违章作业，违反《农村低压电气安全工作规程》（DL 477—2001）的规定，约时送电，是造成这起触电死亡事故的主要原因。

安全技术措施不落实，违反《农村低压电气安全工作规程》，未在检修设备的工作地点两端导体上挂接地电线，是这次触电死亡事故的直接原因。

法规标准

《农村低压电气安全工作规程》关于约时送电的法规

《农村低压电气安全工作规程》第5.2.4条规定："严禁约时停、送电。"

第6.3.1条规定："经验明停电设备两端确无电压后，应立即在检修设备的工作点（段）两端导体上挂接地线。为防止工作地段失去接地线保护，断开引线时，应在断开的引线两侧挂接地线。"

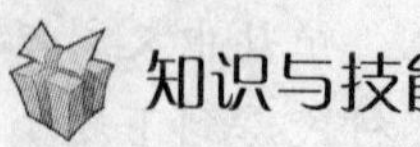

知识与技能

约时停、送电有关知识

由双方（在两个地点工作的双方）事先约定好停电和送电时间，叫约时停、送电。例如：在配电室（甲方）与用户（乙方）两地相距较远，又无通信联系时，由甲乙双方工作人员事前（检修工作前）把停、送电时间约定好，即甲方工作人员在什么时间停电，乙方工作人员在什么时间开始检修工作；乙方在什么时间结束检修工作；甲方在什么时间合闸送电。

约时停、送电曾发生过许多严重事故，给国家和人民生命财产造成巨大损失。例如：某地区变电站一条线路检修。检修中发现严重缺陷，此缺陷如不及时处理，将发生线路倒杆断线事故。于是检修人员决定立即进行检修处理，但此时已超过了变电站值班人员与检修班长事先约定好的送电时间。由于无通信联系，变电站值班人员不知道现场工作进展情况，仍按照事先约定好的时间，撤除线路地线，进行合闸，给线路送电。结果造成线路检修班群亡的特大事故。为此，要严禁约时停、送电。

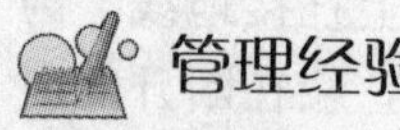

管理经验

突然来电的防范措施

对突然来电的防护措施，采取的主要是装设接地线。装设接地线包括合上接地刀闸和悬挂临时接地线（临时接地线

又称携带型接地线)。

接地刀闸和接地线均由两部分组成：三相短接部分和集中接地部分。

装设接地线的保安作用：首先可将停电设备上剩余电荷泄入大地，同时当突然来电时（除小电流接地系统的单相突然来电外），接电线流过接地短路电流，可促使电源开关迅速跳开，消除突然来电，因此，装设接地线后可使突然来电的持续时间尽可能地缩短。装设接地线后，最主要的一个防护作用是可限制检修设备突然发生对地电位的升高，在某些情况下，还可将工作地点的对地电位限制在“地电位”。因此，装设接地线是保护检修人员、运行人员免遭突然来电的伤害的主要防护措施。

案例精选

接地装置不规范引起漏电事故

某农村小型水电站装设一台 1.8 kW 的电热水器，电源电压为 220 V，由电站厂供给。附近宿舍楼旁安装有另一台配变，型号为 SL7—800 kVA，变比 10/0.4。最近一段时间来，时常发现水管外壳存在漏电现象，切断热水器电源，泄漏电流依旧存在。经查电热水器和电源进线绝缘电阻均为正常，但另一台配变接地装置埋设不符规范，即因施工时受地形条件的限制，接地体埋在离配变约 15 m 的地方，两端用扁铁焊接，明敷地面。热水器的镀锌管长距离与接地扁铁相碰，测量变压器此时的接地电阻为 40 W，用砖木把水管与扁铁完全隔离，测量变压器的接地电阻为 55 W，进一步检查还发现电热水器电源进线漏装了保护接地。把变压器增埋接地体，使其接地电阻小于4 W，同时将接地装置和连接的扁铁深埋地下，用沥青敷面完全隔离水管。电热水器电源采用三孔插座，按照要求接好中性线路保护线。

事故分析

变压器接地装置埋设不当，电热水器漏装保护接地是险些造成人身触电的根本原因。从电工原理得知，采用三相四线中性点直接接地的低压配电系统中，假如三相电源对称负荷也对称，那么中性点电压等于零，即中性线没有电流流过。如果负荷不对称，那么中性线有电流流过，由于变压器采用中性点直接接地方式，所以变压器接地装置有电流流过。因本例中水管与接地扁铁相碰，水管实质成了接地装置分支线。当有接地电流流过时，人就有触电的感觉；当流入人体的工频电流大于50 mA时，人就有致命的危险。流入人身的电流与接地电阻有关。

法规标准

《电气安全管理规程》中接地装置的有关规定

《电气安全管理规程》第28条规定："接地装置的设计必须符合下列要求：

1. 接地电阻值应符合电气装置保护上和功能上的要求，并长期有效。

2. 能承受接地故障电流和对地泄漏电流而无危险。

3. 有足够的机械强度或有附加的保护，以防外界影响

而造成损坏。

4. 变配电所的接地装置应尽量降低接触电压和跨步电压。

5. 严禁用易燃易爆气体、液体、蒸气的金属管道做接地线；不得用蛇皮管、管道保温用的金属网或外皮做接地线。

6. 每台电气设备的接地线应与接地干线可以连接，不得在一根接地线中串接几个需要接地的部分。

7. 在进行检修、试验工作需挂临时接地线的地点，接地干线上应有接地螺栓。

8. 明设的接地线表面应涂黑漆。在接地线引入建筑物内的入口处和备用接地螺栓处，应标以接地符号。

9. 保护用接地、接零线上不能装设开关、熔断器及其他断开点。”

知识与技能

漏电保护装置的使用和维护

为了能使漏电保护装置正常工作，保持良好的状态，从而起到保护作用，必须做好以下几项使用和维护工作：

1. 漏电保护装置投入运行后，使用单位应建立运行记录和相应的管理制度。

2. 漏电保护装置在新安装和运行一段时间后，每月需在通电状态下，按动试验按钮，检查漏电保护装置是否可靠，雷雨季节应增加试验次数。

3. 巡视检查和定期检查维修时，应清除附在保护装置上面的灰尘，以保证绝缘良好。

4. 若漏电保护装置因被保护电路发生故障而分断电路时，要查明原因。凡有白色漏电指示按钮的开关，应先检查一下该按钮。若漏电指标按钮已跳起，说明线路中已出现漏电和触电故障，应检查原因并排除故障后才能将漏电指示按钮复位，再合开关。若漏电指示按钮没跳起，则是过载故障。

5. 漏电保护装置在使用了一定次数后，在转动机构部分应加润滑油，保证操动机构动作灵活、可靠。

6. 漏电保护装置因被保护电路发生故障时，须打开盖子进行内部清理（主要清理消弧室和触头），消弧室的内壁和栅片上要清理干净；要仔细清理触头上的毛刺、颗粒，保证接触良好。当触头磨损到原来厚度的 1/3 时，要更换触头。

7. 为检验漏电保护装置在运行中的动作特性及变化，应定期进行动作特性试验。主要内容有：测试漏电动作电流值；测试漏电不动作电流值；测试分断时间。

8. 退出运行的漏电保护装置再次使用之前，要对其进行动作特性试验。

9. 定期分析漏电保护器装置的运行情况，及时更换有故障的保护装置。

10. 漏电保护装置动作后，经查未发现事故原因时，允许试送电一次，如果再次动作，应查明原因找出故障，必要时对其进行动作特性试验，不得连续强行送电，除经检查确认保护装置本身发生故障外，严禁私自撤除漏电保护装置强

行送电。

11. 在漏电保护装置的保护范围内发生电击伤亡事故时，应检查漏电保护装置的动作情况，分析未能起到保护的原因，在未调查前应保护好现场，不得拆动漏电保护装置。

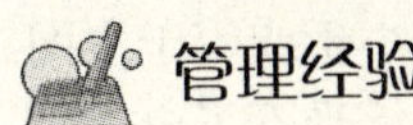

管理经验

接地装置的管理

为保障现代化的发电厂、变电站安全可靠运行，向更安全、更经济、更具有竞争力的方向发展，目前，变电站正在积极推进无人值班方式的技术改造。但由于忽略对接地装置的检查，缺乏接地引下线地下段腐蚀情况的了解，往往导致全站直流消失，控制室直流盘着火，甚至造成变压器、发电机跳闸事故，暴露出接地装置管理不到位，以及原接地装置的管理已不适应现代化管理要求的现状，必须引起从事发电厂、变电站防雷接地设计、管理和维护的工程技术人员的重视。

1. 发电厂、变电站接地装置的现状

通过对电网内接地装置典型事故的分析，接地装置管理不到位表现在以下方面：

（1）随着电力系统容量的不断增大，接地短路电流也逐渐增加，而变电站的接地网仍保持原有水平；

（2）未按设计要求施工，质量检查不严，接地装置交接不清；

（3）对接地装置缺乏管理，运行 8～10 年，也未检查地下接地装置的腐蚀情况，对腐蚀严重的部分未能及时采取补救措施；

（4）变电站内的接地装置设计考虑的裕度一般为5～10年电网发展水平，难以满足短路电流热稳定的要求，造成接地装置热容量严重不足，直接影响变电站的安全可靠运行；

（5）变电站接地引下线截面选择一般都小于或等于主网干线截面，这样在事故发生时，接地引下线承受不了全部短路电流，而首先被损伤或烧断；

（6）变电站地网电流密度分布不同，变电站中设备接地引线过长，加上接地装置地下部分发生腐蚀和锈蚀，有效面积逐年减少，变电站接地装置的接地电阻逐年增大，使变电站设备受到雷害就要发生误动、拒动，有的造成断路器、避雷器、隔离开关烧坏，加剧二次回路设备损坏和多处放电；有的造成全站直流消失，控制室直流盘着火，引起主变损坏；有的造成发电机跳闸、损坏；有的造成变电站和发电厂全停。

2. 加强接地装置的管理

变电站接地装置是防雷接地、工作接地和安全接地三者的统一。发电厂、变电站设备处在一个高压强电的环境中，要提高接地装置的实际效果就必须加强接地装置的管理。

（1）增加发电厂、变电站接地引下线截面积

对变压器中性线等应用两根以上的接地引下线与不同部位相连接；对集中的接地装置，可铺设交叉网络。铺设网络可使用耐腐性钢材或铜材，并用长效降阻剂和导电防腐涂料，均匀涂在接地体上，以防腐和减少接触电阻。从而使发电厂、变电站的电气设备在任何时候，都能够通过接地装置

提供的低阻抗途径，把事故、雷击时超过正常的多余能量排泄到大地中去。

（2）加强对接地装置的管理

因为发电厂、变电站的接地装置处在一个高压强电环境中，应按要求每年对变电站的接地装置电阻进行测试，并根据现场实际提出整改方案及具体技术措施要求；在对发电厂、变电站接地装置进行整改以前，应对该发电厂、变电站的有关地线进行测试，如果发现原总地线电阻为零点几欧姆，而发电厂、变电站内交流电源设备接地地线电阻在十几欧姆以上，就要检查地线与变电站主网干线接地地线的焊接有没有问题，若有，应改装地线位置，或按防雷整改工作要求重新加装地线。

（3）制定接地装置施工的安全技术措施

在对变电站接地装置进行整改工作前，防雷专工、负责变电站设备的人员与施工单位负责人要在现场做深入的调研和测试，制定一套正确的接地装置施工安全措施，以便在变电站接地装置施工中，由变电站管理人员和施工人员一道，从前期、施工到验收共同把关。接地装置保护施工的安全措施包括：接地装置保护工程施工前，在甲乙双方签订合同的同时，由工程项目负责人、安全负责人和施工单位共同签订安全工作协议书。其中，安全负责人应对接地装置施工全过程进行检查和监督，对不安全施工有权予以停工进行整顿；工程项目负责人负责可行性研究论证、委托设计、组织设计审核、施工设计、签订合同、按合同订购设备、组织施工单位进行技术交底、监督工程进度和质量和组织工程验收；工程施工人员则参加工程交底、接受甲方安全质量监督、参加工程验收并提供图纸资料和对甲方提出的整改项目及时解决。

在新技术普及的时代，发电厂和变电站的自动化程度不断提高，为了提高电力系统运行的可靠性，必须重视系统内的接地装置接地电阻问题，并切实落实降低接地装置接地电阻的防范措施。

案例精选

违规操作造成人身死亡事故

2002 年 11 月 27 日，某集团公司配电施工班工作负责人谢某带领正式工 2 名、临时工 7 名进行某县二期农网改造作业。填写了线路第一种工作票，完成了 5 基低压线路立杆工作后，14 时，工作班分成 3 个组分头作业，谢某带领 3 名临时工在城区二线路 50 号杆工作，杆上有配电变压器台架及 3 层横担，最上层为 10 kV 高压线路，第二层为 400 V 低压主线，第三层为新装 400 V 低压引线，上层高压线距第二层横担 1.5 m，第二层横担距第三层横担 0.4 m，第三层横担距地面 6.4 m。工作内容定在第三层横担上搭接引流、放紧线工作。谢某上杆后，进行第三层新架设 400 V 低压线与第二层 400 V 低压主线的搭接引线工作。当完成 B 相导线固定、搭接后，15 时 07 分，转身准备拆 A 相旧导线时，左手误碰上层 10 kV 高压引线 A 相而触电，安全带下滑至第二层横担，谢某被吊在空中自行脱离电源，其他工作班成员立即进行救护，将谢某从空中放下，送医院经抢救无效

死亡。

事故分析

工作负责人谢某工作前宣读的工作票中所列的安全措施得不到落实，工作中根本不按所列项目程序执行，工作班人员安全意识淡薄，人员基本素质差，工作现场安全管理混乱；虽填写了危险点预控卡，但危险点分析极不认真，只提到了“高空坠落”及“倒杆跑线伤人”两项危险点，对工作环境未认真分析检查，对防止“工作人员误碰 10 kV 带电线路”的危险性根本没有认识，没有预防；未办理工作许可手续；工作票中带电线路或带电设备栏未填写交代清楚；在配电变压器台架上工作，停电的高压引线上未装接地线；工作负责人非但不行使好监护人的职责，反而自己登杆作业，属一系列严重违规行为。

法规标准

《电力设施保护条例实施细则》中
架空线路保护区的相关规定

《电力设施保护条例实施细则》第 5 条规定：“架空电力线路保护区，是为了保证已建架空电力线路的安全运行和保障人民生活的正常供电而必须设置的安全区域。在厂矿、城镇、集镇、村庄等人口密集地区，架空电力线路保护区为导线边线在最大计算风偏后的水平距离和风偏后距建筑物的水平安全距离之和所形成的两平行线内的区域。各级电压导线边线在计算导线最大风偏情况下，距建筑物的水平安全距离如下：

1 kV 以下	1.0 m
1～10 kV	1.5 m
35 kV	3.0 m
66～110 kV	4.0 m
154～220 kV	5.0 m
330 kV	6.0 m
500 kV	8.5 m”

知识与技能

电工安全操作注意事项

1. 工作完毕后，必须拆除临时地线，并检查是否有工具等物漏忘电杆上。

2. 发生火灾时，应立即切断电源，用四氯化碳粉质灭火器或黄沙扑救，严禁用水扑救。

3. 工作结束后，必须全部工作人员撤离工作地段，拆除警告牌，所有材料、工具、仪表等随之撤离，原有防护装置随时安装好。

4. 在登高作业时，必须有人监护，工作前先检查安全带、脚扣、梯子、高凳等有无损坏，发现有安全隐患问题时要立即解决，梯子的角度要放得适当，触地端要采取防滑措施，高凳中间要有拉绳，不准人站在梯子上移动梯子，更不准站在高凳的最上一层工作。

5. 登杆作业时，要先检查杆底部，如腐朽过甚要采取适当的补救措施，在杆上所用的工具和物料，要用绳提，禁

止投递，杆下监护人要戴安全帽并应在 3 m 以外，登杆作业不能穿过下栅，带电导线到上栅工作，特殊情况时，必须有可靠的安全措施方可进行。

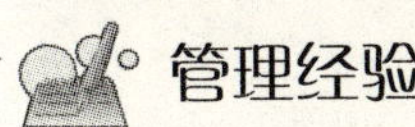

管理经验

加强对触电事故的管理

1. 召开事故分析会，认真总结事故的教训。

2. 加强危险点预控工作，摸清危险点基本特性，掌握事故发生规律，采取针对性防范措施。

3. 加大安全检查、监督、考核力度，严格执行各类检修作业许可及验收工作制度，加强各类工作票的管理工作，规范全体职工的行为，为实现危险点预控奠定基础。

4. 坚持以人为本，开展危险性教育，认真学习和切实贯彻《电业安全工作规程》，加强对职工的安全知识教育，尤其要加强工作负责人安全职责教育，提高职工的安全意识和自我保护意识。

5. 坚持管生产必须管安全，谁主管谁负责的原则，加强对现场的安全生产管理，坚决杜绝各种违章行为。不断提高干部自身综合素质，尽力掌握职工的身体和心理健康状况，合理安排工作，尽量避免因身体不适和心理状态不良引发的事故。

6. 加强检修人员业务培训，加强对职工劳动纪律和职业道德教育，不断提高人员业务素质，促使职工自觉遵规守纪。

7. 严格办理许可手续。工作许可后，负责人必须始终在工作现场认真履行监护职责。当工作地点分散，监护有困难时，每个工作地点要增设专责监护人，及时制止违章作业行为。

案例精选

带负荷拉刀闸导致停电事故

1995年6月17日8时40分，某厂空气压缩机值班员何某接分厂调度员指令：起动4＃机组；停运1＃机组或5＃机组中的一组。何某到电气值班室，与电气值班员王某（副班长）和吴某商定：起动4＃机组后停运1＃或5＃中的一组。随后，王某就随何某去现场操作，吴某留守监盘。9时，4＃机组被现场起动，然后5＃机组现场停运。这时，配电室发出油开关跳闸的声音。

电气值班室的吴某判断5＃机组已经停运，于是，独自去高压配电室打算拉开5＃油开关上方的隔离刀闸。但是，她错误地拉开了正在运行的1＃机组的隔离刀闸，"嘭"的一声巨响，隔离刀闸处弧光短路，使得314线路全线停电。

事故分析

电气值班室的吴某在无人批准的情况下，擅自离开监盘岗位，违反"一人操作、一人监护"的规定。吴某独自一人去高压配电室操作，没有看清楚动力柜编号，没有查看动力柜现场指示信号，也没有按照规程进行检查，就错误地拉开了正在运行的1＃机组的隔离刀闸，是事故的直接原因。此外，副班长王某的组织工作有疏漏，没有安排人员对吴某的

操作进行监护是本次事故发生的间接原因。

法规标准

防止电气误操作装置管理制度

《变电站标准化管理条例》第二部分第 2.4 条规定："防误装置的维护、管理、检修要有明确分工，并落实到班组和负责人。结合一次设备的停电，对防误装置的检查每年至少进行一次。变电站应有防误装置使用说明书、原理接线图等技术资料。所有运行人员应熟悉防误装置的操作程序。"

第 2.5 条规定："防误装置应经常保持完好状态正常投运，不得随意停用或解锁操作。全站防误装置确因故障处理或检修工作需要停运时，必须履行书面申请手续，经本单位生产副局长批准后方可退出。遇有紧急情况或倒闸操作过程中闭锁装置出现问题时，变电站应经站长或者工区运行负责人批准，并在安全台账上做好相关记录，才能允许解锁操作。"

知识与技能

配电室安全注意事项

1. 不论高压设备带电与否，值班人员不得单人移开或越过遮栏进行工作。若有必要移遮栏时，必须有监护人在场，并符合设备不停电时的安全距离。

2. 雷雨天气需要巡视室外高压设备时，应穿绝缘鞋，并不得靠近避雷器与避雷针。

3. 巡视配电装置，进出高压室，必须随手将门锁好。

4. 与供电单位或用户（调度员）联系，进行停、送电倒闸操作时，值班负责人必须核对无误，并且将联系内容和联系人姓名做好记录。

5. 停电拉闸必须按照油开关（或负荷开关等）、负荷侧刀闸、母线侧刀闸的顺序依次操作。

6. 高压设备和大容量低压总盘上的倒闸操作，必须由两人执行，并由对设备更为熟悉的一人担任监护人。远方控制或隔墙操作的油开关和刀闸（和油开关有连锁装置的）可以由单人操作。

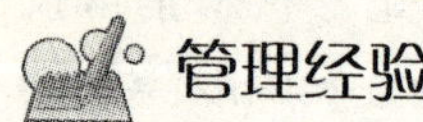

值长的职能范围与工作内容

1. 正确执行电网调度指令和生产调度计划，为提高经济效益合理安排机组运行。

2. 正确执行各项生产规章制度和上级命令，并负责做好本值人员的行政管理和思想政治工作。

3. 贯彻执行岗位责任制，正确调度机组起、停和负荷分配，组织运行人员进行监视、维护、调整、故障处理、停止等项工作。

4. 定期对全厂各岗位进行巡视检查，认真做好设备管理工作，发现异常情况及时组织力量进行处理。

5. 组织并指挥事故处理，认真做好事故预想和运行分析工作。

6. 合理调整运行方式，保证设备和系统安全、经济运

行。组织好设备和系统的定期试验和定期切换工作，管理和调度全厂公用系统。

7. 坚持“安全第一、文明生产”，严格执行“两票三制”制度。

8. 搞好节能工作，抓好小指标竞赛，努力做到使机组各参数“压红线”运行。

五、用电环节常见事故案例分析

案例精选

电焊机空载电压致人死亡事故

1998 年 7 月 20 日，某船舶修造厂船坞内，一艘由股份合作建造的钢质渔船正在修理。条石和枕木把整个船体高高垫起，距离地面约 0.8 m。船的甲板上放着两台破旧的交流弧焊机，由同一把电源闸刀供电。两台焊机的电源接线桩均已损坏，电源线直接接入焊机内部线圈绕组的出线端；两台焊机的输出电缆线均多处破损，两条接地回线接在船舷的同一点。焊机及船体无其他接地或接零措施。在船尾部立着一根镀锌钢管和一根发锈的 40 mm×4 mm 角钢，一端靠在船体上，另一端插入地下，用于支撑准备对船体进行去锈油漆的踏板。焊接现场距离变压器 20 m。7 时 30 分，无证焊工许某像往常一样利用其中一台焊机在甲板上对船体进行焊接作业，股东之一的李某，在船尾准备去锈作业，当他的手握住靠在船尾的角钢时当即触电，后退几步倒在甲板，经现场抢救无效死亡。在此前，也有人在触及角钢时，感到有电麻，但都被认为是感应电而忽视。

事故分析

经现场勘察和测试分析，这是一起电焊机空载电压引起的触电事故。经测试，这两台焊机虽然破旧，但未发现初级电压转移和绝缘降低现象，输出空载电压也在许可范围内，其中一台为 55 V，另一台为 70 V。一般情况下，如此低的电压值虽然能使人触电，但不至于立即死亡。

1. 要注意焊机输出电源的特殊性。焊机输出电源与普通照明、动力用电源两者是有本质区别的，焊机输出电源的电压与输出电流之间存在一个陡降的外特性关系，即在焊接引弧时，输出的电压即空载电压较高，而电流较小。当电弧燃烧稳定时，输出电压迅速降低，而电流急剧增大。也就是说，在焊接条件形成时，输出的电源是低电压大电流，输出电压与输出电流成反比关系。输出电压的大小是由电弧长度（即负载电阻）决定的，电弧长输出电压就高；电弧短输出电压就低；焊条与焊件相碰短路时，电压趋于零，而电流最大。对于我们常用的照明或动力用电源，它所输出的特性是一个水平外特性，即不论输出的电流大或小，输出电压基本上是不变。也就是说，焊机“空载电压”与照明动力用的“普通电压”虽然数值相同，但对人体的伤害程度是完全不同的。一般情况下，交流弧焊机的空载电压不超过 85 V，电弧形成后，它的输出电压只有 30 V 左右，似乎在“安全电压”范围内，但它输出的电流强度是很大的，通常要大于 100 A。众所周知，对于低电压的电源系统，它对人体的伤害大都是以电击方式，而造成电击伤害的主要因素是电流。

在焊接系统中，只要有空载电压存在，回路能形成，致人死亡的罪魁祸首——强大电流就会出现。也就是说，在焊接过程中一旦被空载电压触电，就更容易引起死亡。

2. 由于两台焊机的接地回线都搭接在船舷上，根据交流弧焊机的特点，输出端两接线桩的电位是相等的，所以焊机一旦开启，整个船体都带有 55～70 V 的电位。由于船体被条石和枕木垫起（无其他接地装置），所以这一电位不会导向大地。靠在船尾的钢管和角钢，虽然一头插入地下，但它与船体相靠的接触点由于油漆和铁锈等因素存在，电阻值很大，二者之间没有构成通路，因此，船体上所具有的 55～70 V 电位始终无法导向大地。死者李某，当时脚穿拖鞋，手握角钢，加上夏季人体汗液较多，人体表面电阻下降，这样船体上的电位很快就通过人体和角钢导向大地，为“隐性焊接”状态创造了条件。

3. 由于焊接现场距离变压器只有 20 m，所以在焊机—船体—人体—角钢—大地—变压器接地体之间就构成了一条良好的导电回路。人体变成了电路，且是脚—手的危险路径。导电回路构成后，这一系统就相当处于一种“隐性焊接”状态，这时，在空载电压的作用下，在回路中就有电流流过。这一电流虽然没有理想焊接状态下那么大，但它也是一个不小的数值。经测试，这一电流会随着大地电阻值（与焊接地点到变压器接地体的距离以及大地电阻率等因素有关）的增大而减小。在事故现场，由于地面是海沙，大地导电性能相当好，在上述的导电回路中，经过人体的最小电流要达到焊机工作电流的 10%，也就是说，若焊机工作电流

为 150 A，这一电流远远超过了数百毫安还可以抢救的致命电流而致人当场死亡。

在焊接实践中，往往只利用一根焊接电缆线就可直接对自来水管等接地性能较好的金属构件进行焊接而不需要焊机接地回线。这说明在导电性能较好的大地（如沿海地区、变压器旁）系统中，其焊接回路不但能形成，而且在回路中的电流也是相当大的，这是造成这起事故的主要原因。

法规标准

《工业与民用电力装置的接地设计规范》关于电气设备接地的规定

《工业与民用电力装置的接地设计规范》第 3.0.1 条规定："电力装置的下列金属部分，除另有规定者外，应接地或接零：

一、电机、变压器、电器、携带式及移动式用电器具等的底座和外壳；

二、电力设备传动装置；

三、互感器的二次绕组；

四、配电屏与控制屏的框架；

五、房内外配电装置的金属架构和钢筋混凝土架构以及靠近带电部分的金属围栏和门；

六、交、直流电力电缆接线盒、终端盒的外壳和电缆的外皮，穿线的钢管等；

七、装有避雷线的电力线路杆塔；

八、在非沥青地面的居民区，无避雷线小接地短路电流架空电力线路的金属杆塔和钢筋混凝土杆塔；

九、安装在配电线路杆塔上的开关设备、电容器等电力设备；

十、控制电缆的外皮。”

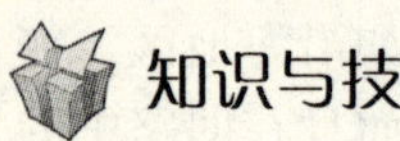

知识与技能

施工电焊机的危险性

施工电焊机二次线空载电压较低，为 50～90 V，由于操作人员认识不足，错误地认为二次线是安全的。而安全电压最高等级为 42 V，空载电压已高于安全电压，存在不安全因素；另外一般电焊机焊弧引燃后，要维持电弧所需要的工作电压为 16～35 V，虽在安全电压的范围内，在不良的焊接环境下，如金属结构上、金属容器、管道和水下、潮湿地点进行焊接，若人的身体状况差，人体电阻很低，也可能造成触电，安全电压并不安全。人体接触二次线，电流作用于人体，接触部位会产生电流灼伤、电烙印或由于中枢神经反射和肌肉强烈收缩而导致肌体组织断裂，骨折等机械性伤害或严重电击。

电焊机和焊接回路上客观上存在触电危险：(1) 电焊机二次绕组绝缘损坏，二次接线柱绝缘不良，导致电焊机外壳带电，未设置接零、接地，无漏电保护或损坏，电源无法断开而长期带电。(2) 二次输出端接线柱无防护罩，二次电缆线裸露，电焊钳绝缘不合格而漏电。

由于物质和环境危险因素的存在，在电焊工产生失误或在正常操作的情况下，其他人触及不正常带电体会出现下列

现象：人的手、身体触及带电的焊机外壳、二次线或焊钳等的漏电部分，而另一只手、脚、或身体的某部位又和工件、金属导电体或潮湿的地点接触，形成电流回路，造成触电。

管理经验

防止焊机空载电压触电的措施

由上述分析可知，焊机空载电压不但会造成触电，而且危险性还比较大。为了防止焊机空载电压触电事故的发生，主要原则有两条：一是保证焊接电缆线—人体—接地回线三者之间，不构成导电回路；二是保证焊接电缆线或接地回线—人体—大地—变压器接地体之间不形成导电回路。主要防范措施有以下几点：

1. 严格按照焊机的安全操作规程，正确使用电焊机。焊前应检查焊机和工具的完好性能，如焊钳和电缆绝缘，焊机外壳接地情况，各接线是否牢固可靠等。接线应请专业电工进行。焊工应持证上岗。

2. 在焊机上尽量安装使用空载自动断电保护装置，这样既可避免空载电压触电危险，又可节省空载电耗。

3. 按规定采取保护接地或接零措施。在与大地隔离或接地不良的焊件上焊接时，如在船坞上被垫起的钢质轮船、锅炉压力容器、架空的桥梁、钢板等，应注意在焊件与大地之间形成“脚—脚”或“手—脚”的跨步电压触电。在此环境中，应采用专门的防护措施，一是人体与导体间的隔离防护，如在脚下放置木板或橡胶等绝缘件，并做好个体防护；二是焊件应采取接地或接零措施。但这里应注意，在焊件与焊机二次回路上不得同时存在接地或接零线。否则，一旦焊机二次回路线接触不良时，就可能有很大的焊接电流通过接地或接零线，以致将地线或零线熔断，不但使人体安全受到威胁，而且易引起火灾。

4. 当利用系统管道、厂房的金属构架，轨道或其他金属物搭接作为焊接接地回线时，要首先检查焊机二次线圈或上述接地回线系统等是否接地良好，否则，行人触及接地回线系统，就有可能造成触电事故。对于交流弧焊机来说，千万不可误认为接地回线永远是没有电位的。因为交流弧焊机两输出端点是等电位的，也就是说焊接电缆线与接地回线是互为通用，当接地回线接地不良时，接地回线的电位是始终存在的。这里要注意，具有易燃易爆性能的化工管道系统，不得用作接地回线。

5. 在通电情况下，不得将焊钳夹在腋下而去搬弄焊件或将焊接电缆线绕挂在脖颈上；在移动焊接电缆线或接地回线时，手不要捏在导线的裸露部位；更换焊条或用手捏住焊件进行点焊固定时，一定要戴好电焊专用手套。否则，空载电压极易通过人体而形成回路。

6. 尽量避免在潮湿地方和雨雪天气进行焊接作业，否则，应特别加强个体防护。在这种环境下作业，焊工严禁穿带有铁钉的皮鞋或布鞋，其他环境亦不宜，否则易受潮导电，必要时垫木板、橡胶垫等进行隔离。

7. 焊工应严格按规定穿戴好个体劳动防护用品，在锅炉及容器内进行焊接作业，严禁赤膊。

案例精选

未安装剩余电流动作保护器致浴室触电事故

2004 年 5 月 13 日某市一居民楼发生一起人身触电伤亡事故，一居民在淋浴时触电死亡。该居民楼为 TT 接地系统，变压器出线端、每个单元电能表集控箱均未安装剩余电流动作保护器，每户居民室内装有保护器，相线、中性线、保护线三线进户。系统接线图如下。

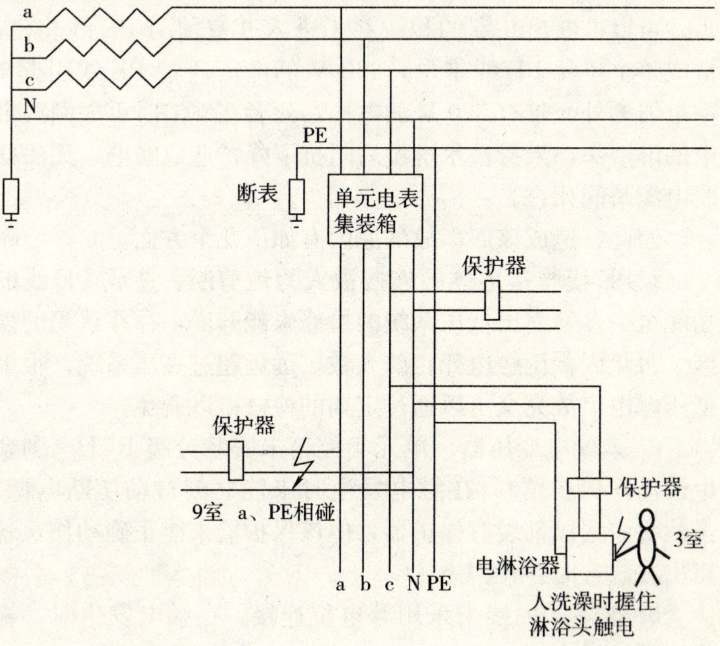

a
b
c
N
PE
断表
单元电表集装箱
保护器
保护器
9室　a、PE相碰
保护器
3室
电淋浴器
a b c N PE
人洗澡时握住淋浴头触电

当发生触电事故后，该单元所有用户的保护线均有220 V的电压，3室的冰箱、淋浴器的外壳均有220 V的电压。当断开该单元电能表集控箱内的低压主断路器，或单元电能表集控箱内的9室低压断路器时，该单元所有保护线电压消失，3室的冰箱、淋浴器的外壳也不带电。

事故分析

经事后现场调查发现，该单元的PE线接地被剪断，造成PE线未能与接地体连接，未能接地。另外根据现场分析，可以推断出9室的相线在未进入9室前与PE线相碰，造成整个单元PE线带电，220 V的电压通过PE线引起3室电器的外壳带有220 V的电压，死者在洗浴时手握潮湿带电的淋浴头，人身被水淋湿后阻抗下降，造成触电，无法摆脱电源瞬间死亡。

因此，造成该起事故的原因有如下几个方面。

1. PE线与接地体的连接被人为地剪断，造成PE线的功能全失，暴露出低压系统的检修未能开展，存在认识的误区。每年因低压触电死亡的人数，远远超过高压系统，很多低压触电事故完全可以通过定期的检修得以避免。

2. 该配电变压器、单元集控箱未安装分级RCD（剩余电流动作保护器），在触电发生时未能立刻自动切断电源。虽然每户居民都装有保护器，但该保护器未能正确动作，暴露出在改造时存在隐患。

3. 该幢居民楼未采用等电位连接，在触电发生时，未能降低接触电压。

法规标准

《民用建筑电气设计规范》关于民用建筑电气保护的规定

《民用建筑电气设计规范》第 14.3.3 条规定：“间接接触保护可采用下列方法：

（1）用自动切断电源的保护（包括漏电电流动作保护），并辅以总等电位联结。

……”

第 14.3.8 条规定：“在一个装置或部分装置内，需要设置辅助等电位联结。辅助等电位联结必须包括固定式设备的所有能同时触及的外露可导电部分和装置外可导电部分。等电位系统必须与所有设备的保护线（包括插座的保护线）连接。”

知识与技能

浴室内易发生电击事故的分析

人体阻抗主要是电流通过人体时两层表皮的阻抗。在一般干燥场所内因表皮干燥，呈现的人体阻抗大。当人体接触不同电位时导致心室纤颤致死的电流所需的电压较高；而在潮湿场所，人体表皮湿润，人体阻抗下降，导致心室纤颤致死的电流所需的电压较低。如发生电击事故，人体阻抗很低，而电击电流通过人体的通路增大增多，有的电流还通过人的脑部，电击致死的危险性增大。

人在沐浴时，浴室由于种种原因出现电位差，即使其值不过十几伏，也能引起电击死亡事故。浴室中有冷热水管、排水管和采暖管等各种金属管道和金属构件，这些金属可导电部分常成为导入不同电位的路径。如下图所示。浴室近旁一房间内的电子设备需要将其金属外壳接地，但墙上电源插座内没有 PE 线插孔，使用者利用近旁的自来水管作接地。此电子设备电源回路的相线上装有与金属外壳相连通的大容量电容器。电容电流经设备外壳、自来水管及大地而返回电源。此自来水管的地下部分为一自然接地极，与大地间存在接地电阻，电容电流在其上产生电压降，从而使浴室内的自来水管带一定的电压。当浑身湿透的沐浴者接触自来水阀门时，自来水管与零电位的排水管的电位差即使不超过十几伏，也可以使沐浴者电击致死。这一电压对皮肤干燥的人并不构成危险，甚至不产生麻电感，但对正在沐浴的人却有致命的危险。

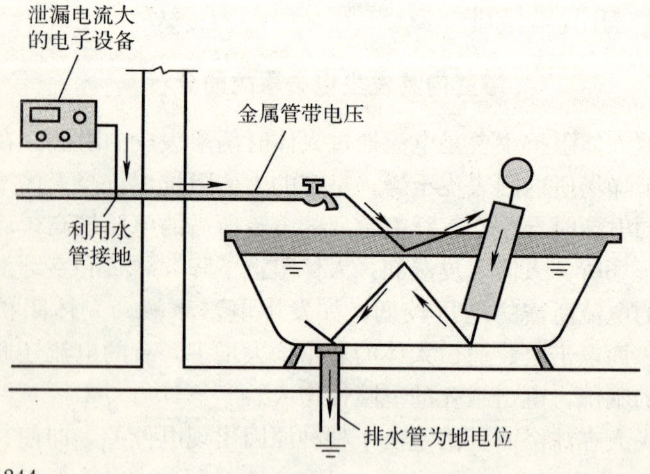

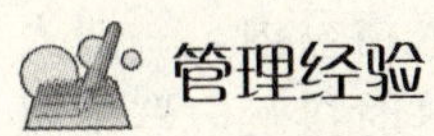

浴室内电击防范方法

浴室内除具备一般场所防电击措施外，对自浴室外部传导来的不大的电位引起的电击事故只能采用局部等电位联结来防范。

在浴室内的局部范围内将各种金属管道和构件用导体互相连通。如果浴室内有 PE 线也必须与之连通，使浴室内的各大件金属部分之间的电位相等。这样即使某一管道或构件、PE 线导入电位时（包括雷电的高电位），其他金属部分和地面的电位也随之升高至同一电位，使室内不出现电位差，电击事故就可以避免发生。如果浴室内有的管道采用了塑料管，因其不传导电位，所以可以不纳入等电位范围。

如果浴室内有带金属外壳的Ⅰ类电气设备，则此设备的 PE 线应与局部等电位联结系统相联结，使设备外壳通过 PE 线纳入局部等电位联结系统。如果浴室内没有Ⅰ类设备和 PE 线，切勿专门自室外引入 PE 线接至等电位联结系统，避免从室外导入危险电位。如果有电气回路进入浴室，则回路应套塑料管而不是金属管，以减小危险电位沿金属套管导入浴室的可能性。

如果浴室内有Ⅰ类用电设备，其 PE 线应与浴室外末端配电箱 PE 线母排联结可能比较方便，但是与浴室内电源的 PE 线端子联结对人身更安全有利。

浴室内尽量少使用电器。浴室是易遭电击的危险场所，所以除电剃刀、电热水器外应尽量少用其他电气设备。在洗澡时使用电器最为危险，如不慎将电器落入浴盆内，一般人的反应是立即抓起电器将它扔出盆外，但这时接触电器金属外壳通过人体的电流可高达500 mA，能立即致人死亡。为避免这类事故的发生，除设必需的安全插座外，最好不设其插座，且应满足规范要求。如果浴室内必须安装其他电源插座，则只能在离浴盆边缘0.6 m以外安装，插座线路上应装设额定动作电流不大于30 mA的漏电保护器，以便在发生接地故障时迅速切断电器。

如前所述，电击事故系由通过人体的过量电流所造成，在浴室中人体发生心室纤颤的最小电流值仍为30 mA不变，变化的只是人体的阻抗。为适应人体阻抗的降低需降低接触电压以限制人体的电流，使它仍不大于30 mA，降低接触电压的有效措施即上述的局部等电位联结。如果因某种原因接地故障电流（包括通过人体的电流）超过30 mA，则漏电保护器立即动作，可以保证人身安全，因此，国际电工委员会IEC标准规定浴室内漏电保护器的动作电流不大于30 mA。如需装设电热水器，可装在浴盆一端的墙上，如有金属外壳，其PE线必须与浴室内局部等电位联结相连通。

案例精选

搅拌机未接地导致触电死亡事故

2004年7月18日，某电厂土建分场瓦工班隋某操作混凝土搅拌机，当双手扳动手轮时，突然触电死亡。事故后测试手轮对地电压为159 V。混凝土搅拌机的电源线固定不牢，搅拌机上的380 V电源电磁开关到电动机的橡皮绝缘电

源线卡在开关箱的铁皮壳上，由于长期震动磨损造成漏电致使搅拌机带电。

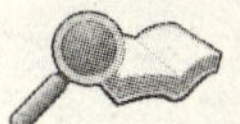

事故分析

本事故中，搅拌机未接地，未使用漏电保护器。工作人员使用搅拌机前，未对其电源线、接地线等情况进行检查。安全检查不到位。电源导线卡在开关箱的铁皮壳上，经过了长期震动磨损，致使漏电无人发现。

法规标准

《电业安全工作规程》中
有关电气工具检查的规定

《电业安全工作规程》第 170 条中规定："不合格的带电作业工具应及时检修或报废，不得继续使用。"

第 171 条规定："发现绝缘工具受潮或表面损伤、脏污时，应及时处理并经试验合格后方可使用。"

第 172 条规定："使用工具前应仔细检查其是否损坏、变形、失灵，并使用 2 500 V 绝缘摇表或绝缘检测仪进行分段绝缘检测（电极宽 2 cm，极间宽 2 cm），阻值应不低于 700 MΩ。操作绝缘工具时应戴清洁、干燥的手套，并应防止绝缘工具在使用中脏污和受潮。"

第 173 条规定："带电作业工具应设专人保管，登记造册，并建立每件工具的试验记录。"

第 174 条规定："带电作业工具应定期进行电气试验及机械试验。其试验周期为：电气试验：预防性试验每年一次，检查性试验每年一次，两次试验间隔半年；机械试验：绝缘工具每年一次，金属工具两年一次。”

知识与技能

绝缘工具电气试验项目及标准

表 1　　绝缘工具的试验项目及标准

额定电压 (kV)	试验长度 (m)	1 min 工频耐压 (kV)		5 min 工频耐压 (kV)		5 次操作冲击耐压 (kV)	
		出厂及型式试验	预防性试验	出厂及型式试验	预防性试验	出厂及型式试验	预防性试验
10	0.4	100	45	—	—	—	—
35	0.6	150	95	—	—	—	—
63	0.7	175	175	—	—	—	—
110	1.0	250	220	—	—	—	—
220	1.8	450	440	—	—	—	—
330	2.8	—	—	420	380	900	800
500	3.7	—	—	640	580	1 175	1 050

操作冲击耐压试验宜采用250/2 500 μs 的标准波，以无一次击穿、闪络为合格工频耐压试验以无击穿、无闪络及无过热为合格。高压电极应使用直径不小于 30 mm 的金属管，被试品应垂直悬挂，接地极的对地距离为 1.0～1.2 m。接地极及接高压的电极（无金属时）处，以 50 mm 宽金属铂缠绕。试品间距不小于 500 mm，单导线两侧均压球直径不小于200 mm，均压球距试品不小于 1.5 m。试品应整根进

行试验，不得分段。

绝缘工具的检查性试验条件是：将绝缘工具分成若干段进行工频耐压试验，每 300 mm 耐压 75 kV，时间为 1 min，以无击穿、无闪络及无过热为合格。组合绝缘的水冲洗工具应在工作状态下进行电气试验。除按表 1 的项目和标准试验外（指 220 kV 及以下电压等级），还应增加工频泄漏试验，试验电压见表 2。泄漏电流以不超过 1 mA 为合格。试验时间为 5 min。

试验时的水电阻率为 1 500 Ω · cm（适用于 220 kV 及以下电压等级）。

表 2　组合绝缘的水冲洗工具工频泄漏试验电压值

额定电压（kV）	10	35	63（66）	110	220
试验电压（kV）	15	46	80	110	220

带电作业工具的机械试验标准：

静荷重试验：2.5 倍允许工作负荷下持续 5 min，工具无变形及损伤者为合格。

动荷重试验：1.5 倍允许工作负荷下实际操作 3 次，工具灵活、轻便，无卡住现象。

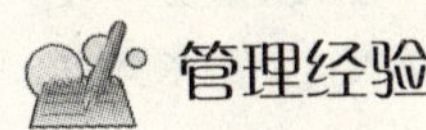

管理经验

漏电保护器的维修管理

1. 每年春季供电所站应对保护系统进行一次普查，重点检查项目是：（1）测试保护器的漏电动作电流值是否符合规定；（2）检查变压器和电动机的接地装置，有否存在松动或接触不良现象；（3）测量低压电网和电器设备的绝缘电阻；（4）测量中性点漏电电流，消除电网中的各种漏电隐患；（5）检查漏电保护器运行记录。

2. 漏电保护器动作后应立即进行检查。若检查中未发现事故点，则允许试送1次。如果再次动作，便要查明原因、找出故障，不准连续强行送电。除经检查确认为是电保护器本身发生故障外，严禁私自撤除漏电保护器而强行送电。

3. 建立漏电保护器运行记录，内容包括安装、试验及动作情况等。要及时认真填写并定期查看分析。

4. 在保护范围内发生电击伤亡事故后，应检查漏电保护器的动作情况，分析未能起到保护作用的原因并保护好现场。运行中若发现漏电保护器有异常现象时，应拉下开关并找电工修理，防止扩大停电范围；不准有意使漏电保护器误动或拒动，更不准擅自将漏电保护器退出运行。

案例精选

设备外壳带电触电伤亡事故

1991年7月29日8时30分，某化工厂储运处盐库10人准备上盐，但是10 m长的皮带运输机所处位置不利上盐。他们在组长冯某的指挥下将该机由西北向东移动。移动后，感觉还不合适，仍需向东调整。当再次调整时，因设备上操作电源箱里三相电源的中相发生单相接地，致使设备外壳带电，造成重大触电伤亡责任事故，6人触电，其中3人

死亡，3人经抢救脱险。

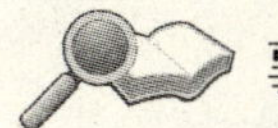

事故分析

1. 移动设备时，未切断操作箱上的进线电源。

2. 移动式皮带运输机未按规定安装接地或接零，也未安装漏电保护器。设备额定电压为380 V，应该用四芯电缆，而安装该机时，却使用三芯电缆。电源线在操作箱（铁制）的入口处没有按规定用卡子固定牢，而是简单地用缝盐包的麻绳缠绕，并且很松动。操作箱内原为三个15 A螺旋保险，后因多次更换熔丝，除后边一相仍为螺旋保险外，左边、中间二相用熔丝上下缠绕钩连。中间相保险座应用两个螺钉固定，实际只有一个，未固定牢致使在移动皮带运输机过程中，电源线松动，牵动了操作箱内螺旋保险底座向左滑动，造成了中间一相电源线头与熔丝和操作箱铁底板接触，使整个设备带电。

3. 对临时工管理混乱。入厂的临时工，劳资科未办手续，安全科未备案，只是经私人介绍，仓库就同意到盐库干活，又没有按规定签订用工合同，也没有进行上岗前各种安全教育，更没有临时工管理制度。

法规标准

《电工安全操作规程》关于熔丝的有关规定

《电工安全操作规程》第一部分第16条规定：“所用导线及熔丝，其容量大小必须合乎规定标准，选择开关时必须大于所控制设备的总容量。”

《电气安全管理规程》第143条规定：“用做短路保护的熔丝不得随意用铜丝、铁丝等金属材料。”

知识与技能

熔丝如何才能“保险”

熔丝是用一定规格的铅、锡、锑、锌等金属制成的，是安装在电气线路上的保护装置，它只能允许正常的电流通过，当线路中发生短路或过负荷时，由于电流的热效应，温度超过了它的熔点，熔丝就会被熔断，从而切断电路，保证了线路及电气设备的安全，避免在线路上因出现过大电流而引起火灾事故。

常见的造成熔丝熔断的主要原因有：一是过载。家庭用电负荷太大，造成过载，使熔丝熔断。这种情况尤其是在使用空调器、电暖器或增加其他较大功率电器时容易出现。二是接触不良。有的家庭尽管熔丝选择得比较合理，负荷也不算太大，可一使用空调器、电暖器、电饭煲等较大功率家电时，就会“跳闸”。原因可能是在安装、更换熔丝时，熔丝与插头螺钉接触不良，造成打火发热，使瓷插、闸刀上固定熔丝的螺钉氧化“烧死”。三是短路。如果是熔丝换上后，一合闸就“跳闸”，就可能是出现了短路。首先是线路短路。其次是负载短路，像电水壶、电饭锅等常用较大功率电器和常用移动电器的插头以及劣质电器，都容易发生短路故障。

为了使熔丝“保险”，应做好以下几点：一是不能使用太细的熔丝，使用细的熔丝，通过的正常电流也容易烧断，造成不必要的停电事故；二是必须选择和使用相适应的熔

丝，熔丝的熔断电流通常为额定电流的1.5～2.0倍。如家庭中正常用电时各用电器总功率之和超过1 100 W的选择5 A的熔丝，使用直径为0.98 mm的20号熔丝就可以了，当电流超过7.5 A至10 A时，熔丝就会自动熔断达到保护的目的；三是如果选择和使用的熔丝符合规格而又经常出现熔丝熔断的现象，说明电气线路和电气设备有问题，应及时请电工查找原因，清除隐患。切不可随意更换粗熔丝或用铜丝、铁丝等代替。

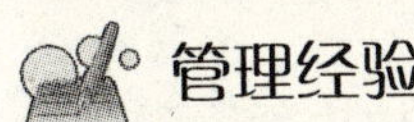

电工作业注意事项

1. 坚持电气专业人员持证上岗，非电气专业人员不准进行任何电气部件的更换或维修。

2. 建立临时用电检查制度，按临时用电管理规定对现场的各种线路和设施进行检查和不定期抽查，并将检查、抽查记录存档。

3. 检查和操作人员必须按规定穿戴绝缘胶鞋、绝缘手套；必须使用电工专用绝缘工具。

4. 临时配电线路必须按规范架设，架空线必须采用绝缘导线，不得采用塑胶软线，不得成束架空敷设，不得沿地面明敷。

5. 施工现场临时用电的架设和使用必须符合《施工现场临时用电安全技术规范》（JGJ 46—1988）的规定。

6. 施工机具、车辆及人员，应与线路保持安全距离。达不到规定的最小距离时，必须采用可靠的防护措施。

7. 配电系统必须实行分级配电。现场内所有电闸箱的内部设置必须符合有关规定，箱内电器必须可靠、完好，其选型、定值要符合有关规定，开关电器应标明用途。电闸箱内电器系统需统一样式，统一配置，箱体统一刷涂橘黄色，并按规定设置围栏和防护棚，流动箱与上一级电闸箱的连接，采用外搽连接方式（所有电箱必须使用定点厂家的认定产品）。

8. 工地所有配电箱都要标明箱的名称、控制的各线路称谓、编号、用途等。

9. 应保持配电线路及配电箱和开关箱内电缆、导线对地绝缘良好，不得有破损、硬伤、带电梯裸露、电线受挤压、腐蚀、漏电等隐患，以防突然出事。

10. 独立的配电系统必须采用三相五线制的接零保护系统，非独立系统可根据现场的实际情况采取相应的接零或接地保护方式。各种电气设备和电力施工机械的金属外壳、金属支架和底座必须按规定采取可靠的接零或接地保护。

11. 在采取接地和接零保护方式的同时，必须设两级漏电保护装置，实行分级保护，形成完整的保护系统。漏电保护装置的选择应符合规定。

12. 为了在发生火灾等紧急情况时能确保现场的照明不中断，配电箱内的动力开关与照明开关必须分开使用。

13. 开关箱应由分配电箱配电。注意一个开关控制两台以上的用电设备不可一闸多用，每台设备应有各自开关箱，严禁一个开关控制两台以上的用电设备（含插座），以保证安全。

14. 配电箱及开关箱的周围应有两人同时工作的足够空间和通道，不要在箱旁堆放建筑材料和杂物。

15. 各种高大设施必须按规定装设避雷装置。

16. 分配电箱与开关箱的距离不得超过 30 m；开关箱与它所控制的电气设备相距不得超过 3 m。

17. 电动工具的使用应符合国家标准的有关规定。工具的电源线、插头和插座应完好，电源线不得任意接长和掉换，工具的外绝缘应完好无损，维修和保管有专人负责。

18. 施工现场的照明一般采用 220 V 电源照明，结构施工时，应在顶板施工中预埋管，临时照明和动力电源应穿管布线，必须按规定装设灯具，并在电源一侧加装漏电保护器。

19. 电焊机应单独设开关。电焊机外壳应做接零或接地保护。施工现场内使用的所有电焊机必须加装电焊机触电保护器。接线应压接牢固，并安装可靠防护罩。焊把线应双线到位，不得借用金属管道、金属脚手架、轨道及结构钢筋做回路地线。焊把线应无破损，绝缘良好。电焊机设置点应防潮、防雨、防砸。

案例精选

电工违章启动按钮事故案

1979 年 7 月 22 日 6 时，徐某同刘某在去接班的路上，遇下晚班的电工黄某、齐某，得知二车间发酵楼 303 搅拌罐控制失灵，需要检修。于是，徐、刘、黄、齐四人一同上楼检查，但未找到故障点。此时夜班锅炉电工刘某某正好路过，四人让刘某某帮忙。经刘某某检查，初步判定是中间继电器损坏，需要掉换，查明原因后，黄某、齐某、刘某某当即下班。徐某、刘某感到自己难以修理，便去找下班休息的班长熊某。7 时 10 分，当徐某、齐某找熊某时，二车间当班操作工刘某来到车间，按正常工作程序对 303 罐进行检修，同时让发酵工郑某卸下 303 罐的熔断器。郑某卸下熔断器，放在 303 罐配电盘前的地上，因事离开。7 时 40 分，徐某和刘某找到熊某，三人一齐来到配电盘前，见地上放着熔断器，未引起注意。熊某认为这是开始检修时徐某、刘某摘下的，即按顺序装上，然后用电笔测试电路。刘某发现有电，通知徐某便开始检测。熊某未作出任何表示，徐某以为熊某已同意，立即按下起动按钮，搅拌机起动旋转，将在消毒的刘某打成重伤，经抢救无效死亡。

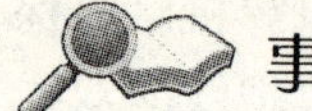

事故分析

徐某身为电工，却不顾安全，违反“在设备维修改进后，须向运行人员交底并与运行人员共同起动试运”的规定，擅自按下启动按钮，导致刘某重伤死亡，是事故发生的决定性原因。

法规标准

《电业安全工作规程》（发电厂和变电所电气部分）第 54 条规定：“完成工作许可手续后，工作负责人（监护人）应向工作班人员交代现场安全措施、带电部位和其他注意事项。工作负责人（监护人）必须始终在工作现场，对工作班

人员的安全认真监护，及时纠正违反安全的动作。”

《电气安全管理规程》第 113 条规定：“值班人员值班时，不得从事修理和其他与值班无关的工作。”

知识与技能

变配电设备安全检修规程

1. 电工人员接到停电通知后，拉下相关刀闸开关，收下熔断器，并在操作把手上加锁，同时挂警告牌，对尚无停电的设备周围加放保护遮栏。

2. 高低压断电后，在工作前必须首先进行验电。

3. 高压验电时，应使用相应高压等级的验电器，验电时，必须穿戴试验合格的高压绝缘手套，先在带电设备上试验，确实好用后，方能用其进行验电。

4. 验电工作应在施工设备进出线两侧进行，规定室外配电设备的验电工作，应在干燥天气进行。

5. 在验明确实无电后，将施工设备接地并将三相短路是防止突然来电、保护工作人员的基本可靠的安全措施。

6. 应在施工设备各可能送电的方面皆装接地线，对于双回路供电单位，在检修某一母线刀闸或隔离开关、负荷开关时，不但同时将两母线刀闸拉开，而且应该在施工刀闸两端都同时挂接地线。

7. 装设接地线应先行接地，后挂接地线，拆接地线时其顺序与此相反。

8. 接地线应挂在工作人员随时可见的地方，并在接地线处挂“有人工作”警告牌，工作监护人应经常巡查接地线是否保持完好。

9. 应特别强调的是，必须把施工设备各方面的开关完全断开，必须拉开刀闸或隔离开关，使各方面至少有一个明显的断开点，禁止在只断开油开关的设备上工作，同时必须注意由低压侧经过变压器高压侧反送电的可能。所以必须把与施工设备有关的变压器从高低压两侧同时断开。

10. 工作中如遇中间停顿后再复工时，应重新检查所有安全措施，一切正常后，方可重新开始工作。全部离开现场时，室内应上锁，室外应派人看守。

管理经验

班组长纠正违章“六忌”

班组安全生产的好坏，班组长起着至关重要的作用。班组员工在生产中难免会出现违章现象，为此，班组长纠正违章必须做到以下“六忌”：

一忌唠叨。班组成员发生了违章，其中有的道理他们已经懂得，无须赘述。可是有的班组长唯恐成员不知道，说起来就没完没了。殊不知这样唠叨反而会使组员产生反感，结果成了你越说，我就越不听，效果自然就适得其反了。

二忌揭短。有的班组成员在操作中违反了操作规程，班组长应就事论事，千万不要新账老账一起算。特别是年轻组员，最反感揭短式的批评教育，更不能不分场合地乱批评。

三忌转移。一些班组长发现违章后，从关心爱护组员的安全角度出发，往往主观武断地把别人的误操作不加分析地扣到其他组员头上，从而使他们对班组长纠正违章的言行产

生对立情绪。

四忌审问。有的班组长喜欢用审问式的口气训斥违反安全操作规程或出了事的组员，这样很不好。而应弄清楚原因，不要不分青红皂白地加以训斥。这样会使班组成员只是口头上认错，而心里对班组长非常反感。

五忌轻信。班组成员在作业中，出现这样那样的违章现象，对他们出现的违章和失误应认真调查分析，弄清当时的情况，切忌不了解情况而仅凭道听途说或不全面的材料，主观臆断。这种不切合实际的作法易引起成员的反感，导致纠违失败。

六忌攀亲结伙。对班组成员出现的违章操作现象，要一视同仁，切不可分亲疏厚薄，更不可睁只眼闭只眼“放其一马”。

案例精选

作业前未验电造成触电坠亡事故

某化建公司机械厂工作间的桥式起重机，由角钢滑接线供电。一次运行中，发现起重机的滑接器有一相不正常，经电工观察，需停车修理。电工先切断滑接线的电源铁壳开关，搬来竹梯架在滑接线上，让一名非电工上去修理。当此人上至起重机挡架和滑接线上时突然触电，从 6 m 高空坠下摔在机床上后落地，当场死亡。

事故分析

事故发生后，有关部门对现场作了检查和分析。经检查，滑接线一相有电。铁壳开关其中一相刀开关未断开。电工当初在断开开关时，仅根据操作状态，认为停电了，但是谁知铁壳开关机构失灵，手柄扳到关的位置而三相刀开磁却没有全部断开，造成滑接线一相有电。另外，电工疏忽大意，停电后未验电就让人上去进行修理，再则起重机滑接线没有设计信号灯，这些原因造成了事故的发生。

法规标准

《电力设备全过程管理规定》关于电气设备质量的规定

《电力设备全过程管理规定》第 10 条规定：“对设备质量的评定，要依据统一的技术标准，凡国家已颁布的有关标准应严格执行，对水电、机械等部委的有关标准及引进设备的技术要求，应逐步协调一致，并予以完善。部内由科技司归口与制造部门协调有关标准和质量方面的问题。”

第 44 条规定：“必须加强企业管理、技术人员和生产工人的培训，不仅要培训技术业务，而且要加强纪律、作风以及安全思想的教育。生产第一线的技术工人应限期达到技工学校毕业水平。200 MV 以上的大机组的主要值班员应由中专及以上毕业生担任，各类岗位人员应按岗位规范标准要求进行岗位培训，取得岗位培训合格，方能上岗。”

知识与技能

验电工作注意事项

在停电线路工作地段装接地线前，要先验电，验明线路

确无电压。验电要用合格的相应电压等级的专用验电器。330 kV及以上的线路，在没有相应电压等级的专用验电器的情况下，可用合格的绝缘杆或专用的绝缘绳验电。验电时，绝缘棒的验电部分应逐渐接近导线，听其有无放电声。确定线路是否确无电压。验电时，应戴绝缘手套，并有专人监护。

线路的验电应逐相进行。检修联络用的断路器（开关）或隔离开关（刀闸）时，应在其两侧验电。对同杆塔架设的多层电力线路进行验电时，先验低压、后验高压，先验下层、后验上层。

电力安全生产六忌

搞好安全工作有以下“六忌”：

一忌：“事故难免”。有人认为“常在河边走，哪有不湿鞋”，供电企业的线路设备面宽、点多，哪有不出一点问题的。这种观点是不正确的。实践证明，只要我们思想重视，工作过细，管理严格，安全工作是完全可以做好的。

二忌：讲起来重要，做起来忘掉。必须贯彻“预防为主，安全第一”的方针，特别是在任务重、时间紧的情况下，一定要把搞好安全作为头等重要的工作，真正落到实处。

三忌：时紧时松。安全工作要常抓不懈，绝不能时紧时松。要以高度的政治和工作责任感，强烈事业心，时时、事事、处处都把安全工作抓得很紧。

四忌：有章不循。为了搞好安全工作，各级都制定了一些切实可行的规章制度，这是搞好安全工作的基本保证，在实际工作中要严格执行。实践证明，凡发生事故十有八九都是不认真执行规章制度。

五忌：掉以轻心。有的职工对各级领导和安监部门三令五申要做好安全工作不以为然，认为不会发生问题，对安全工作“马大哈”往往发生事故，到头来“后悔莫及”，一害自己，二害集体，三害国家。

六忌：与己无关。有的人认为安全工作是领导、安监部门的事，与我无关。其实，安全工作与全体职工有关，靠少数领导和部门是做不好的，必须要全体职工参加才能做好。

案例精选

临时照明刀闸无胶盖导致触电事故

2002年7月19日，某建筑公司施工小区8#楼工地发生一起更夫触电死亡事故，事故经过如下：

更夫王某在所建工程三楼居住，工地安排其值班。王某决定自三楼搬到一楼居住，便搬运行李。约5时40分，当王某把单人铁床整体从三楼搬到一楼房间入口处，因铁床没拆卸搬运，不方便进入房间，王某在调整铁床方位时，铁床接触到一楼楼梯侧房间入口旁的临时照明刀闸（刀闸无胶盖），致使铁床带电，王某触电倒地。6时许，王某经医院抢救无效死亡。

事故分析

导致该事故的发生有以下几方面的原因：

1. 三相五线制不完善。总配电箱的重复接地已断线，线路末端无重复接地；保护零线未使用绿黄双色多股软铜线且断线普遍，搅拌机、龙门架卷扬机、电锯、电焊机等处均无保护零线；照明线路无保护零线；保护零线的中转未使用接线鼻子在端子板上作电气连接。

2. 三级配电、二级保护不规范、违反“一机一箱一闸一漏”原则。分配电箱不设分箱总隔离开关及分路隔离开关，开关箱无隔离开关及漏电保护器，且一箱多用。应安装在开关箱中的漏电保护器安装在分配电箱中，且四极电子式漏电保护器中的保护零线接线柱没接线，致使漏电保护器缺相不动作。照明开关箱的漏电保护器的额定动作时间为 $T \leqslant 0.3$ s，按标准规定开关箱中的漏电保护器的额定动作时间为 $T \leqslant 0.1$ s，致使王某在触电时，漏电动作时间延长，造成事故的发生。

3. 工地安全管理不严，检查不细，动态管理不完善。

法规标准

《电气安全工作规程》关于电气设备巡视检查的规定

《电气安全工作规程》第 12 条规定：“变电站值班人员，应熟悉所管范围内电气设备性能，一、二次接线图，并能熟练地进行操作与事故的处理。”

第 22 条规定：“巡视检查一般必须两人进行，其中至少 1 人必须符合第十二条的规定；主管技术员、值班长、技术主任允许单独巡视检查设备，巡视检查期间，一般不得打开电气设备遮栏进行工作，对工作量不大，在符合下列条件时，准许打开遮拦或越过遮拦进行工作：

1. 带电部分在工作人员的前面或一侧；

2. 人体对带电部分的最小距离为 6 kV 及以下≥35 cm；10 kV≥70 cm；

3. 接地情况良好；

4. 6～10 kV 系统没有单相接地现象。”

知识与技能

触电急救

1. 脱离电源

(1) 脱离低压电源的方法

脱离低压电源可用“拉”“切”“挑”“拽”“垫”五字来概括。

拉：就近拉开电源开关。但应注意，普通的电灯开关只能断开一根导线，有时由于安装不符合标准，可能只断开零线，而不能断开电源，人身触及的导线仍然带电，不能认为已切断电源。

切：当电源开关距触电现场较远，或断开电源有困难，可用带有绝缘柄的工具切断电源线。切断时应防止带电导线触及其他人。

挑：当导线搭落在触电者身上或压在身下时，可用干燥的木棒、竹竿等挑开导线，或用干燥的绝缘绳套拉导线或触电者，使触电者脱离电源。

拽：救护人员可戴上手套或在手上包缠干燥的衣物等绝缘物品拖拽触电者，使之脱离电源。如果触电者的衣物是干

燥的，又没有紧缠在身上，不至于使救护人直接触及触电者的身体时，救护人才可用一只手抓住触电者的衣物，将其拉开脱离电源。

垫：如果触电者由于痉挛，手指紧握导线，或导线缠在身上，可先用干燥的木板塞进触电者的身下，使其与地绝缘，然后再采取其他办法切断电源。

（2）脱离高压电源的方法

①立即电话通知有关部门拉闸停电；

②如果电源开关离触电现场不太远，可戴上绝缘手套，穿上绝缘鞋，使用相应电压等级的绝缘工具，拉开高压跌落式熔断器或高压断路器；

③抛掷裸金属软导线，使线路短路，迫使继电保护装置动作，切断电源，但应保证抛掷的导线不触及触电者和其他人。

（3）注意事项

①应防止触电者脱离电源后可能出现的摔伤事故；

②未采取绝缘措施前，救护人不得直接接触触电者的皮肤和潮湿衣服；

③救护人不得使用金属和其他潮湿的物品作为救护工具；

④为使触电者与导电体解脱，最好用一只手进行救护，以防救护人触电；

⑤夜间发生触电事故时，应解决临时照明问题，以利救护。

2. 现场救护

触电者脱离电源后，应立即就近移至干燥通风处，再根据情况迅速进行现场救护，同时应通知医务人员到现场。

（1）根据触电者受伤害的轻重程度，现场救护可以按以下办法进行：

①触电者所受伤害不太严重如触电者神志清醒，只是有些心慌、四肢发麻、全身无力，一度昏迷，但未失去知觉，可让触电者静卧休息，并严密观察，同时请医生前来或送医院救治。

②触电者所受伤害较严重触电者无知觉、无呼吸，但心脏有跳动，应立即进行人工呼吸；如有呼吸，但心脏跳动停止，则应立即采用胸外心脏按压法进行救治。

③触电者所受伤害很严重触电者心脏和呼吸都已停止、瞳孔放大、失去知觉，应立即按心肺复苏法（通畅气道、人工呼吸、胸外心脏按压），正确进行就地抢救。

（2）注意事项

①救护人员应在确认触电者已与电源隔离，且救护人员本身所涉环境安全距离内无危险电源时，方能接触伤员进行抢救。

②在抢救过程中，不要为方便而随意移动伤员，如确需移动，应使伤员平躺在担架上并在其背部垫以平硬阔木板，不可让伤员身体蜷曲着进行搬运。移动过程中应继续抢救。

③任何药物都不能代替人工呼吸和胸外心脏按压，对触电者用药或注射针剂，应由有经验的医生诊断确定，慎重使用。

④在抢救过程中，要每隔数分钟再判定一次，每次判定

时间均不得超过 5～7 s。做人工呼吸要有耐心，尽可能坚持抢救 4 h 以上，直到把人救活，或者一直抢救到确诊死亡时为止；如需送医院抢救，在途中也不能中断急救措施。

⑤在医务人员未接替抢救前，现场救护人员不得放弃现场抢救，只有医生有权作出伤员死亡的诊断。

管理经验

保证电气安全的技术措施

1. 确保新建（改造）工程的设计、安装质量。必须严格执行各种规程规范，严格执行设计的审批手续和工程竣工的验收制度，确保工程的质量。杜绝新建（改造）工程设计上、施工中的各种缺陷。

2. 加强运行维护和检修试验工作。加强日常的维护工作和定期的检修试验工作，力求“防患于未然”。例如：利用春秋两检，定期对运行中的设备检修，及时做预防性试验。

3. 采用安全电压和防爆电器。对于容易触电的场所和手持电器，应采用安全电压。在易燃、易爆场所，正确划分爆炸和火灾危险场所的等级，正确选择相应类型和级别的防爆电气设备。

4. 正确使用、保管安全用具。安全用具的主要作用是承受电气设备的工作电压，并能在该电压等级产生内过电压时保证工作人员的人身安全。例如操作高压熔断器时的绝缘棒、高压绝缘手套、绝缘靴和高压验电器等，如果使用和保管不当也同样会发生触电事故，所以应正确使用和定期做耐压、机械强度等试验。

5. 普及安全用电知识。供电人员应注意向客户和广大群众反复宣传安全用电的重要意义，大力普及安全用电常识。

案例精选

施工人员擅自拉接电源导致人身触电事故

江苏某有限公司下属某公司一分公司承接上海超高压公司古北—泸定 220 kV 线路工程。其中杆塔基础钢管静压桩工程，因工程进度和一分公司设备等原因，于 8 月 15 日将该工程部分分包给某工程公司，签订了工程分包合同和安全责任协议。该公司工程队 9 月 16 日为 92# 桩位施工做准备工作，于 9 月 14 日 21 时左右，将原在 102# 桩位的压块预先运至 92# 桩位。在卸压块过程中，吊车发动机发生故障，因施工用电计划在 9 月 15 日才能到位，该工程公司施工人员擅自在路灯线上接临时 220 V 电源为修车提供临时照明，在修车过程中，不慎将临时照明用的太阳灯带电部位（因大雨造成太阳灯金属灯罩带电）与吊车的金属部件接触，造成吊车带电，修车人员因在吊车上处于等电位未发生触电。9 时 30 分左右，在吊车旁看修车的工程队人员汤某、倪某，二人不慎同时接触带电吊车，造成二人触电，后经现场努力抢救，并立即与 120 及 110 联系，送医院救治无效死亡。

事故分析

该工程公司擅自拉接低压电源和使用漏电的太阳灯，又

没有采取必要的防范措施，是该起事故的主要原因。该施工单位在敷设和使用临时电源时，不符合安全要求，没选用绝缘导线、合格灯具和装设漏电保护器。因雨造成太阳灯的金属罩带电，与吊车金属部件接触，造成吊车带电，导致了此次事故的发生。

法规标准

《电气安全工作规程》中有关暂时电源装置的规定

《电气安全工作规程》第 79 条规定："暂设电源装置应适用于 10 kV 及以下临时用电设施的安装。"

第 80 条规定："安装暂设电源必须办理审批手续，由使用单位填写"暂设电源申请单"一式三联，经电力主管部门批准。暂设电源使用期限一般为 30 天。到期拆除。如需继续使用，须办延期申请手续，但延期不得超过 30 天，否则电力主管部门有权停止供电，并报厂部处理。"

第 81 条规定："对于基建工程使用的电焊机、搅拌机、卷扬机及现场照明等，由建筑部门按工期申请，经批准后接用，到期拆除。"

第 82 条规定："暂设电源线路，应采用绝缘良好、完整无损的橡皮线，室内沿墙敷设，其高度不得低于 2.5 m，室外跨过道路时，不得低于 4.5 m，不允许借用暖气、水管及其他气体管道架设导线，沿地面敷设时，必须加可靠的保护装置和明显标志。"

第 88 条规定："移动式电气设备和器具，应采用橡皮护套绝缘软线。与电源连接，应采用开关、插头座。严禁用导线直接插入插座，或挂在电源线上使用。3 kW 及以上的电动机要配套完善的启动设备，并有可靠的接零保护。”

第 89 条规定：“行灯等手持式电动工具、器具应根据使用现场，分别采取可靠的安全保护措施，如漏电保护电器或使用 36 V 以下的安全电压、安全变压器应采用双圈的，一、二次侧应有熔断器保护。”

知识与技能

施工现场临时用电安全防护

1. 施工现场临时用电工程必须由电气工程技术人员负责管理，并建立电工值班室和配电室，确定电气维修和值班人员。现场各类配电箱和开关箱必须确定检修和维护责任人。

2. 临时用电配电线路必须按规范架设整齐，架空线路必须采用绝缘导线，不得采用塑绞软线。电缆线路必须按规定沿附着物敷设或采用埋地方式敷设，不得沿地面明敷设。

3. 各类施工活动应与内、外电线路保持安全距离，达不到规范规定的最小安全距离时，必须采用可靠的防护和监护措施。

4. 配电系统必须实行分级配电。各级配电箱、开关箱的箱体安装和内部设置必须符合有关规定，箱内电器必须可靠完好，其选型、定值要符合规定，开关电器应标明用途，并在电箱正面门内绘有接线图。

5. 各类配电箱、开关箱外观应完整、牢固、防雨、防

尘，箱体应外涂安全色标，统一编号，箱内无杂物。停止使用的配电箱应切断电源，箱门上锁。固定式配电箱应设围栏，并有防雨防砸措施。

6. 独立的配电系统必须按部颁规范采用三相五线制的接零保护系统，非独立系统可根据现场实际情况采取相应的接零或接地保护方式。各种电气设备和电力施工机械的金属外壳、金属支架和底座必须按规定采取可靠的接零或接地保护。

7. 在采用接零或接地保护方式的同时，必须逐级设置漏电保护装置，实行分级保护，形成完整的保护系统。漏电保护装置的选择应符合规定。

8. 现场金属架构物（照明灯架、垂直提升装置、超高脚手架）和各种高大设施必须按规定装设避雷装置。

9. 依据国家标准的有关规定，采用Ⅱ类、Ⅲ类绝缘型的手持电动工具。工具的绝缘状态、电源线、插头和插座应完好无损，电源线不得任意接长或掉换，维修和检查应由专业人员负责。

10. 采用 220 V 电源照明的一般场所必须按规定布线和装设灯具，并在电源一侧加装漏电保护器。特殊场所必须按国家标准规定使用安全电压照明器。

11. 施工现场的办公区和生活区应根据用途按规定安装照明灯具和使用用电器具。食堂的照明和炊事机具必须安装漏电保护器。凡有人员经过和施工活动的场所，必须有足够的照明。

12. 使用行灯和低压照明灯具，其电源电压不应超过

36 V，行灯灯体与手柄应坚固、绝缘良好，电源线应使用橡套电缆线，不得使用塑绞线。行灯和低压灯的变压器应装设在电箱内，符合户外电气安装要求。

13. 现场使用移动式碘钨灯照明，必须采用密闭式防雨灯具。碘钨灯的金属灯具和金属支架应做良好接零保护，金属架杆手持部位采取绝缘措施。电源线使用护套电缆线，电源侧装设漏电保护器。

14. 使用电焊机应单独设开关，电焊机外壳应做接零或接地保护。一次线长度应小于 5 m，二次线长度应小于 30 m。电焊机两侧接线应压接牢固，并安装可靠防护罩。电焊把线应双线到位，不得借用金属管道、金属脚手架、轨道及结构钢筋做回路地线。电焊把线应使用专用橡套多股软铜电缆线，线路应绝缘良好，无破损、裸露。电焊机装设应采取防埋、防浸、防雨、防砸措施。交流电焊机要装设专用防触电保护装置。

15. 施工现场临时用电设施和器材必须使用正规厂家的合格产品，严禁使用假冒伪劣等不合格产品。安全电气产品必须经过国家级专业检测机构认证。

16. 检修各类配电箱、开关箱，电气设备和电力施工机具时，必须切断电源，拆除电气连接并悬挂警示标牌。试车和调试时应确定操作程序和设立专人监护。

管理经验

临时用电的安全作业指导

1. 材料：

（1）电线：必须符合要求，采用三相五线电缆。

（2）漏电保护器：必须有出厂合格证。

（3）配电箱：必须符合施工用电要求。

2. 作业条件：

（1）电工必须经培训考核合格并持特种作业证才能上岗作业。

（2）所用电缆必须符合 TN－S 供电系统。

（3）作业场地必须有防火和必要的通风措施，防止发生烧伤、触电及火灾等事故。

3. 安全措施：

（1）施工现场用电应采用“一机、一闸、一箱、一漏”。

（2）动力和照明线路分路装置，照明线接在动力开关的上侧。

（3）宿舍、淋浴间、仓库照明采用 36 V 安全电压。

案例精选

焊工手触钳口遭电击事故

某船厂有一位年轻的女电焊工正在船舱内焊接，因舱内温度高加之通风不良，身上大量出汗将工作服和皮手套湿透。在更换焊条时，刚触及焊钳口时，因痉挛后仰而跌倒，焊钳落在颈部未能摆脱，造成电击。事故发生后经抢救无效死亡。

事故分析

经分析，导致此次事故发生的原因有以下几点：焊机的空载电压较高超过了安全电压；船舱内温度高，焊工大量出汗，人体电阻降低，触电危险性增大；触电后未能及时发现，电流通过人体的持续时间较长，使心脏、肺部等重要器官受到严重破坏，抢救无效死亡。

知识与技能

电焊工安全操作注意事项

1. 工作前应认真检查工具、设备是否完好，焊机的外壳是否可靠接地。焊机的修理应由电气保养人员进行，其他人员不得拆修。

2. 工作前应认真检查工作环境，确认为正常方可开始工作，施工前穿戴好劳动防护用品，戴好安全帽。高处作业要戴好安全带。敲焊渣、磨砂轮戴好平光眼镜。

3. 接拆电焊机电源线或电焊机发生故障，应会同电工一起进行修理，严防触电事故。

4. 接地线要牢靠安全，不准用脚手架、钢丝缆绳、机床等作接地线。

5. 在靠近易燃地方焊接，要有严格的防火措施，必要时须经安全员同意方可工作。焊接完毕应认真检查确无火源，才能离开工作场地。

6. 焊接密封容器、管子应先开好放气孔。修补已装过油的容器，应清洗干净，打开人孔盖或放气孔，才能进行焊接。

7. 在已使用过的罐体上进行焊接作业时，必须查明是否有易燃、易爆气体或物料，严禁在未查明之前动火焊接。焊钳、电焊线应经常检查、保养，发现有损坏应及时修好或更换，焊接过程发现短路现象应先关好焊机，再寻找短路原因，防止焊机烧坏。

8. 焊接吊码、加强脚手架和重要结构应有足够的强度，并敲去焊渣认真检查是否安全、可靠。

9. 在容器内焊接，应注意通风，把有害烟尘排出，以防中毒。在狭小容器内焊接应有两人，以防触电等事故。

10. 容器内油漆未干，有可燃体散发不准施焊。

11. 工作完毕，必须断掉龙头线接头，检查现场，灭绝火种，切断电源。

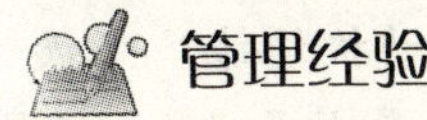

管理经验

手持电动工具安全管理

1. 凡属下列小型设备均为手持电动工具：电扳子、手电钻、手用电砂轮、电旋具、冲击钻等。

2. 各类手持电动工具必须由各单位工具室统一保管，个人不得长期保存各类电动工具。

3. 各单位工具室必须严格执行借用制度，严格借用手续，借用期限最长不得超过3天。

4. 电动工具借出和收回时，工具室应严格检查插头、导线等有无破损、变形、失灵和松动，不得带问题借出。

5. 各类手持电动工具每月5日前由工具室进行定期检查，每季度初5日前由本单位电工进行绝缘电阻检测，按检查表填好记录，由工具室保存，发现隐患及时排除。

6. 各单位手持电动工具必须设立台账，以便安全人员随时检查或抽查。

各单位经常使用的电烙铁，可不保存在工具室，但必须专人负责。小组统一按此制度进行定期检查。

案例精选

带负荷拉刀闸导致锅炉停炉事故

某日，电气运行当班班长曹某电话通知厂用值班组长马某测6＃炉甲磨煤电动机绝缘。马复诵无误后，下令厂用值班员张某和路某去测6＃炉乙磨煤电动机绝缘。张即问马6＃ 炉乙磨煤电动机是否切电，马同意切电。张、路则去厂用6 kV六段配电室准备测6＃炉乙磨煤电动机绝缘，张误将停电的6＃炉甲磨煤电动机开关和电度表看成是6＃炉乙磨煤电动机的，但此时6＃炉乙磨煤电动机刀闸处于合闸位置，既然马告诉电已切，但刀闸又是合的，对此，张却没有引起怀疑，也没有向马汇报和提出“应填写操作票方可操作”，便将乙磨煤电动机的操作、合闸电源断开，张在拉6＃炉乙磨煤电动机刀闸时，发生带负荷拉刀闸，母线相间弧光短路，46开关过流保护动作跳闸，备用电源联动未成，厂用6 kV六段失电，6＃炉停炉，7时58分，强合56开关成功，厂用六段恢复送电。6＃炉停炉后在恢复火中，由于

燃油质差，不易着火，直到9时40分并汽，恢复正常。

事故分析

张某在接到错误命令后，到现场执行中将停电的甲磨电度表和开关误认为是乙磨的，但刀闸未断，这时应想到组长马某讲的是切电的，应对此疑点向马问清楚后再填写操作票进行操作。而张则既不请示汇报，也不进行监护操作，独自进行切除6＃炉乙磨操作电源并拉开刀闸，而导致带负荷拉刀闸事故的发生，应负事故的主要责任。厂用值班组长马某没有认真执行交接班制度，当班中对重要设备状况不清，接受班长命令后，不查对设备状况，想当然下错命令，给误操作埋下了隐患，对事故负有次要责任。

法规标准

“两票、三制”

《电力生产安全工作规定》第22条规定：“电力生产企业必须严格执行两票（工作票、操作票）三制（交接班、巡回检查、设备定期试验轮换制度）和设备缺陷管理等保证安全生产的基本制度，在执行上必须严肃、认真、准确、及时，做好执行标准化、规范化。”

知识与技能

操作票填写的注意事项

1. 倒闸操作由操作人填写操作票。单人值班者，操作票由发令人用电话向值班员传达，值班员应根据传达的命令，填写好操作票，复诵无误，并在监护人签名处填入发令人的名字，每张操作票只能填写一个操作任务。

2. 下列项目应填入操作票内：

（1）应拉合的开关。

（2）检查开关的位置。

（3）检查接地刀闸是否断开。

（4）检查负荷。

（5）安装或拆除控制回路、电压互感器回路的保险器。

（6）切换保护回路和检验有无电压等。

3. 操作票应用钢笔或签字笔填写，票面应清晰，不得任意涂改。操作人和监护人应根据模拟图板或接线图核对所填写的操作项目并分别签字，然后经值班负责人审核签字。

4. 操作前应核对设备名称、编号和位置，操作中应认真执行监护复诵制。必须按操作顺序操作，每操作完一项，做一个记号“√”，全部操作完毕后进行复查。

5. 倒闸操作必须由两人执行，其中一人对设备较为熟悉者作监护。特别重要和复杂的倒闸操作，由熟练的值班员操作，值班负责人或主管负责监护。

6. 操作中发生疑问时，不准擅自更改操作票，不准随意解除闭锁装置，应立即向值班负责人或主管负责人报告，弄清楚后再进行操作。

7. 下列各项工作可以不用操作票：

（1）事故处理。

（2）拉合开关单一操作。

（3）拉开接地刀闸或拆除全配电室仅有的一组接地线，但上述操作均应记入操作记录簿内。

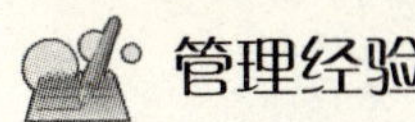

管理经验

现场安全工作做到“六要”

在电力企业安全生产全过程管理中，现场安全管理工作显得尤为重要，防触电、防人身伤亡事故和反习惯性违章都是现场安全工作的重点。搞好现场安全管理工作必须做到“六要”：

一要交代清楚。工作前向工作成员详细交代线路名称、工作地段、工作任务；交代工作票所列各项内容、安全技术措施；交代工作中危险点及控制措施。

二要工具齐全。要将所用安全用具准备齐全，如安全帽、安全带、脚扣、验电器、接地线等。将所需材料备齐，在工作中使用。

三要严格把关。即严格把住安全关，停电作业必须验明线路确无电压并挂好接地线，核对线路名称、双重编号、色标牌无误。个人安全措施完备。

四要检查到位。所用工具使用前要认真仔细检查，保证完好可靠。安全用具齐全，作业前要配带可靠工具，检测无问题，电气及机械试验合格。

五要加强监护。现场工作要进行全过程监护，及时纠正不安全动作，及时提醒作业人员应注意的安全事项，做好安全防护措施，对作业人员的安全认真监护。

六要纪律严明。现场工作要严守纪律，令行禁止。认真遵守规程及现场安全措施，严禁作风散漫，防止个人主义和自由主义发生。严禁违章指挥、违章作业、违反现场劳动纪律行为发生。

六、其他常见事故案例分析

案例精选

房顶玩耍致高压线触电事故

2004 年 5 月 13 日韩村镇某村 6 岁儿童小明与三位伙伴在别人家的房顶上玩耍。小明在房顶西侧玩时，被距平房不远的 10 kV 高压电击倒，小明当即昏迷。村民们对其实施了人工呼吸及其他抢救措施后，小明仍昏迷不醒。小明家长及乡亲们立即将他送往市医院，经全力抢救，小明的生命才得以挽回。但他的右手掌几乎被烧焦，左脚大拇指被烧掉，造成终身残疾。

事故分析

经过调查分析，10 kV 高压线路距离房子的水平距离仅有 0.46 m，比规程规定的 1.5 m 少 1.04 m，导线与建筑物距离不够是造成此次事故的直接原因。

供电所对安全隐患未及时处理，最终导致触电事故的发生。线路建成后，房主便发现导线距离其房屋太近，曾多次要求供电所予以处理，供电所由于种种原因没有及时整改，这是这次事故的主要原因。

安全用电宣传不到位，家长监护教育不力，对小明触电也负有一定责任。

法规标准

《电力设施保护条例实施细则》关于电力线路距离的规定

《电力设施保护条例实施细则》第 5 条规定：架空电力线路保护区，是为了保证已建架空电力线路的安全运行和保障人民生活的正常供电而必须设置的安全区域。在厂矿、城镇、集镇、村庄等人口密集地区，架空电力线路保护区为导线边线在最大计算风偏后的水平距离和风偏后距建筑物的水平安全距离之和所形成的两平行线内的区域。各级电压导线边线在计算导线最大风偏情况下，距建筑物的水平安全距离如下：

1 kV 以下——1.0 m；1～10 kV——1.5 m；

35 kV——3.0 m

66～110 kV——4.0 m；154～220 kV——5.0 m；

330 kV——6.0 m

500 kV——8.5 m

第 15 条规定："架空电力线路一般不得跨越房屋。对架空电力线路通道内的原有房屋，架空电力线路建设单位应当与产屋产权所有者协商搬迁，迁拆费不得超出国家规定标准；特殊情况需要跨越房屋时，设计建设单位应当采取增加杆塔高度、缩短档距等安全措施，以保证被跨越房屋的安全。被跨越房屋不得再行增加高度。超越房屋的物体高度或房屋周边延伸出的物体长度必须符合安全距离的

要求。”

知识与技能

高压线电压的判断

一般来说，判断高压线路的电压有 3 个指标：

1. 高度

一般来说，电压越高的线路架设得越高。

2. 绝缘子个数

为了提高远距离传输效率，一般采用高压低流方式传送，这样来降低电的损耗。瓷瓶的个数越多，相对电压越高。

电线杆越高，一般电压越高，城市里水泥普通杆一般上万伏；对于高压铁塔，看绝缘子个数，500 kV 为 23 个；330 kV 为 16 个；220 kV 为 9 个；110 kV 为 5 个，但一般都会多一两个。

3. 分裂导线

500 kV 的输电线路基本上用的是四分裂导线，也就是一相有 4 根，220 kV 多用两分裂导线的，110 kV 多用一根。

管理经验

防止触电事故的措施

1. 电击和电伤的概念

触电事故是电气事故中最为常见的。触电事故往往突然发生，在极短时间内造成严重后果，死亡率极高。

电击，通常所说的触电事故指的是电击，它是指电流通过人体内部，使肌肉非自主地发生痉挛性收缩造成的伤害；严重时会破坏人的心脏、肺部以及神经系统的工作，直至危及生命的伤害。电伤，电伤即指电流的热效应、化学效应、机械效应给人体造成的伤害，往往在肌体表面留下伤痕，造成电伤的电流比较大。电伤包括电烧伤、电烙印、皮肤金属化、机械损伤、电光眼等。

2. 电流对人体的作用

电流通过人体内部，能使肌肉产生突然收缩效应，产生针刺感、压迫感、打击感、痉挛、疼痛、血压升高、昏迷、心律不齐、心室颤动等症状，这不仅可使触电者无法摆脱带电体，而且还会造成机械性损伤。更为严重的是，流过人体的电流还会产生热效应和化学效应，从而引起一系列急骤、严重的病理变化。热效应可使肌体组织烧伤，特别是高压触电，会使身体燃烧。电流对心跳、呼吸的影响更大，几十毫安的电流通过呼吸中枢可使呼吸停止。直接流过心脏的电流只需达到几十微安就可使心脏形成心室纤维性颤动而死。触电对人体损伤的程度与电流的大小及种类、电压、接触部位、持续时间以及人体的健康状况等均有密切关系。电流对人体的作用见下表。

电流对人体的作用

电流（mA）	作用的特征	
	50～80 Hz交流电（有效值）	直流电
0.6～1.5	开始有感觉，手轻微颤抖	没有感觉
2～3	手指强烈颤抖	没有感觉
5～7	手指痉挛	感觉痒和热
8～10	手已较难摆脱带电体，手指尖至手腕均感剧痛	热感觉较强，上肢肌肉收缩
50～80	呼吸麻痹，心室开始颤动	强烈的灼热感，上肢肌肉强烈收缩痉挛，呼吸困难
90～100	呼吸麻痹，持续时间3 s以上则心脏麻痹，心室颤动	呼吸麻痹
300	持续0.1 s以上可致心跳、呼吸停止，机体组织可因电流的热效应而破坏	

3. 防止触电事故的措施

首先，防止直接接触电击的措施：

①利用绝缘材料对带电体进行封闭和隔离。

②采用遮栏、护罩、护盖、箱匣等将带电体与外界隔离。

③保证带电体与地面、带电体与其他设备、带电体与人体、带电体之间有必要的安全间距。

其次，防止间接接触电击措施：

①保护接地。是最基本的电气防护措施，又可分为IT，

TT，TN 系统。

②工作接地。指正常情况下有电流通过，利用大地代替导线的接地。

③重复接地。指零线上除工作接地以外的其他点的再次接地，以提高 TN 系统的安全性能。

④保护接零。指电气设备正常情况下不带电的金属部分与配电网中性点之间金属性的连接，用于中性点直接接地的 220/380 V 三相四线配电网。

⑤速断保护。指通过切断电路达到保护目的的措施，常用的有熔断器和电流脱扣器。

再次，防止直接和间接接触电击措施：

①双重绝缘。兼有工作绝缘和保护绝缘的绝缘。

②加强绝缘。在绝缘强度和机械性能上具备双重绝缘同等能力的单一绝缘。

③安全电压。通过限制作用于人体的电压，抑制通过人体的电流，保证触电时处于安全状态。

④电气隔离。通过隔离变压器实现工作回路与其他电气回路的电气隔离，将接地电网转换为范围很小的不接地电网。

⑤电保护（又称剩余电流保护）。用于单相电击保护和防止因漏电引起的火灾，可配合其他电气安全技术使用，作为互相补充。

最后，保证检修安全：

①严格完善的工作记录和操作记录。

②实行严格的工作监护制度和工作许可制度。

③检修工作需要切断供电时，应当按照程序规定执行。

④不停电检修时应当具备完善的保护措施。

案例精选

违章带电检修导致煤矿瓦斯爆炸事故

2005年2月14日15时，某地孙家湾煤矿海州立井发生特大瓦斯爆炸事故，共造成214名矿工遇难。

海州立井井田走向1.8 km，倾斜宽1.14 km，面积2.05 km^2，工业储量6 656万吨，可采储量3 222万吨。可采煤层4组。井田内主体构造为背向斜构造，局部与褶曲相伴生。该立井采用立井单水平下山开拓方式，水平大巷为—357 m水平，采煤方法为走向长壁式，回采工艺为综合机械化放顶煤和炮采放顶煤开采。现有2个生产采区，即331采区和242采区，全井共有2个采煤工作面和3个掘进工作面。

海州立井通风方式为中央并列抽出式，总入风量为4 705 m^3/min，总回风量为4 957 m^3/min，孙家湾斜井担负海州立井部分风量。海州立井绝对瓦斯涌出量为23.01 m^3/min，相对瓦斯涌出量为13.7 m^3/t，属高瓦斯矿井。井下有移动抽放泵3台，瓦斯传感器26台，多功能断电仪15台，对井下采掘工作面及硐室进行监测监控，矿井瓦斯监控系统型号为KJ75。

事故发生地点为3316准备工作面的架子道。该架子道是3316掘进工作面的回风道，平巷15 m，斜巷50 m，于2004年9月23日开始施工，2004年11月4日与3316风道贯通。事故地点为平巷段，设计断面为 10.2 m^3，采用锚杆、锚网锚索联合支护。事故当班为铁法包工队在此作业，有 1 台 40T 型刮板输送机、1 台 JH—8 型回柱绞车、3 台正在运行的开关和 1 台照明信号综合保护装置。

事故分析

事故直接原因是：冲击地压造成 3316 工作面风道外段大量瓦斯异常涌出，3316 风道里段掘进工作面局部停风造成瓦斯积聚，致使回风流中瓦斯浓度达到爆炸界限；工人违章带电检修架子道距专用回风上山 8 m 处临时配电点的照明信号综合保护装置，产生电火花引起瓦斯爆炸。

事故的间接原因，主要是海州立井在生产、安全和机电管理等方面存在较多管理上的问题。

法规标准

《煤矿安全规程》关于煤矿电气操作的法规

《煤矿安全规程》第 445 条规定："井下不得带电检修、搬迁电气设备、电缆和电线。检修或搬迁前，必须切断电源，检查瓦斯，在其巷道风流中瓦斯浓度低于 1.0%时，再用与电源电压相适应的验电笔检验；检验无电后，方可进行导体对地放电。控制设备内部安有放电装置的，不受此限。所有开关的闭锁装置必须能可靠地防止擅自送电，防止擅自开盖操作，开关把手在切断电源时必须闭锁，并悬挂'有人工作，不准送电'字样的警示牌，只有执行这项工作的人员才有权取下此牌送电。"

知识与技能

矿井常见事故的电气检修技术原因及对策措施

矿井常见事故的电气检修技术原因主要有以下几点：

1. 电气设备维护和检修不当防护层脱落，使得防爆面落上矿尘等杂物，紧固对口接合面时会出现凹坑，有可能使隔爆接合面间隙增大。

2. 井下发生局部冒顶砸伤隔爆型电气设备的外壳，移动和搬迁不当造成外壳变形及机械损伤都能使隔爆型电气设备失爆。

3. 由于不熟悉设备的性能，在装卸过程中没有采用专用工具或发生误操作。如拆卸防爆电动机端盖时，为了省事而用器械敲打，可能将端盖打坏或产生不明显的裂纹，可能发生传爆的现象。拆卸时零部件没有打钢印标记，待装配时没有对号而误认为是可互换的，造成间隙过小对活动接合面可能造成摩擦现象，破坏隔爆面，所以每个零部件一定要打钢印标记，装配时对号选配。

4. 螺钉紧固的隔爆面，由于螺孔深度过浅或螺钉太长，而不能很好地紧固零件。

5. 非煤矿许用电气设备下井使用。

6. 电气保护装置非法拆除。

7. 由于工作人员对防爆理论知识掌握不够，对各种规程不能正确贯彻执行，以及对设备的隔爆要求马虎大意，均可能造成失爆。

8. 违章停送电。

9. 违章带电检修或作业。

井下电气设备检修及停送电作业必须按《煤矿安全规程》执行，做到以下安全用电对策：

1. 电气设备的检查、维护、修理和调整工作，必须由专责的或临时指派的电气维修工进行。高压电气设备的修理和调整工作，应有工作票和施工措施。在特殊情况下，采区电钳工可对变电所内高压电气设备进行停送电操作，但是不得擅自打开电气设备进行修理。经维修单位机电主管人员授权者，不受此限。

2. 检修和搬迁井下电气设备电缆和电线前必须停电。用与电源电压相适应的验电器验电，确认无电后再在三相上挂装接地线，对电气设备进行放电，控制设备内部安有放电装置的不受此限。验电、接地、放电工作，在煤矿井下应在瓦斯浓度为1.0%以下时进行。所有开关的闭锁装置必须能可靠地防止擅自送电、防止擅自开盖操作，开关把手在切断电源时必须闭锁，并悬挂“有人工作，不准送电”字样的警示牌，只有执行这项工作的人员才有权取下此牌送电。

3. 部分停电作业应有遮挡。检修完恢复送电时，应由原操作人员取下标示牌，然后合闸送电。

4. 井下防爆电气设备的运行、维护和修理工作，必须符合防爆性能的各项技术要求。失爆设备严禁继续使用。

5. 井下防爆电气设备的运行、维护和修理，必须符合防爆性能各项技术要求。防爆性能受到破坏的电气设备，必须立即处理或更换，不得继续使用。各矿机电部门必须成立防爆检查、电气管理、小型电器管理、电缆管理等专业组。

电气设备防爆检查员必须由有业务能力并经过专业训练持有合格证的人员担任，还应按数量配齐。

6. 入井电气设备必须采用规定设备，并经电气防爆检查人员检查合格后方可入井。

案例精选

粉刷工误抓带电滑线导致触电事故

1992年8月20日9时，承包山东电力设备厂半成品库粉刷工程的吴家堡建筑队包工组长姚某某和半成品库保管员马某某联系粉刷其仓库业务（此工作应由厂方统一安排，不应由外包工自行联系）。因设备厂服务公司电器修理班与半成品班在同一厂房内，使用同一行车滑线。所以马某某与修理班长李某某联系行车停车事宜（马某某是库工，无权答应联系停电事宜，违反工作程序）。李某某安排班内工作人员沈某某拉开行车电源刀闸（该厂的行车电源管理混乱，无明确操作人），外包工开始进行室内粉刷工作。

11时30分，某机械厂李某来厂装运齿轮，经营科张某某通知半成品库潘某某做好装车准备。当时，张某某发现喷枪挂在行车滑线上，张某某对包工组于某某等5人说："师傅，你们活干完没有？如果干完把滑线上的工具拿下来，我们要用行车，需送电。"当时他们说："10 min就干完了，你过10 min再送电。"11时45分，外包工将滑线上的喷枪等工具取了下来，都离开了厂房。半成品库保管员李某某（女）与修理班班长李某某联系送电。李班长派沈某某合闸送电。保管员李某某操纵行车装货（5 t单梁吊车，地面操纵)。12 时 10 分,装完货,李在未断开电源的情况下便离开半成品库下班回家。下午 1 时 30 分,外包工上班。赵某某(男,34 岁,农民工)等人见通往半成品库办公室房顶平台的楼梯门锁着,便找来一个铁梯子爬上办公室房顶平台,在未搞清滑线是否有电的情况下,将铁梯子拉上房顶,并将铁梯搭在滑线 C 相上,赵某某爬上梯子后,双手抓住 B 相滑线,立即触电。送省立医院抢救无效死亡。

事故分析

经过调查分析,造成这起事故的原因如下:

1. 半成品库保管员李某某在知道滑线上有人粉刷工作的情况下,用完行车后没有立即通知有关人员将电源断开,就下班回家,导致滑线带电是这次事故的主要原因。李某某对此事故负主要责任。

2. 基建科张某某负责管理外包工工作。对外包工管理不严,工作无计划,让其自由作业,并且对他们安全教育不够,管理不到位,致使外包工在厂方人员不在场的情况下随意作业,是发生事故的重要原因。张某某对此次事故负重要责任。

3. 半成品库马某某在未接厂方通知且无任何安全措施情况下同意外包工来仓库粉刷并给予联系停电施工。马某某对这次事故负次要责任。

4. 安监科科长王某某安全监察不到位,对厂内电气设备安全检查不够,执行制度监督不严,致使行车线上电源指示灯不亮都未能及时发现。对外包工安全管理监督不力。王

某某对这次事故负有责任。

5. 吴家堡建筑队对该厂的包工组管理不严，不按厂方基建科的安排进行工作。盲目工作，导致赵某某等人在楼梯门上锁的情况下，用铁梯爬上房顶平台，又将铁梯拉上房顶，未搞清滑线上是否有电就将铁梯靠在滑线上登高作业，造成触电死亡事故，是这次事故的主要原因。赵某某对这次事故负有直接责任。

法规标准

《电工安全操作规程》关于电气操作的规定

《电工安全操作规程》第 3 条规定：“电气操作人员应思想集中，电器线路在未经测电笔确定无电前，应一律视为‘有电’，不可用手触摸，不可绝对相信绝缘体，应认为有电操作。”

知识与技能

防止触电伤害的基本安全操作要求

根据安全用电“装得安全、拆得彻底、用得正确、修得及时”的基本要求，为防止触电伤害的操作要求有：

1. 非电工严禁私拆乱接电气线路、插头、插座、电气设备、电灯等。

2. 使用电气设备前必须要检查线路、插头、插座、漏电保护装置是否完好。

3. 电气线路或机具发生故障时，应找电工处理，非电工不得自行修理或排除故障。对配电箱、开关箱进行检查、维修时，必须将其前一级相应的电源开关分闸断电，并悬挂停电标志牌，严禁带电作业。

4. 使用振捣器等手持电动机械和其他电动机械从事潮湿作业时，要由电工接好电源，安装上漏电保护器，操作者必须穿好绝缘鞋、戴好绝缘手套后再进行作业。

5. 搬迁或移动电气设备必须先切断电源。

6. 搬运钢筋、钢管及其他金属物时，严禁触碰到电线。

7. 禁止在电线上挂晒物料。

8. 禁止使用照明器烘烤、取暖，禁止擅自使用电炉等大功率电器和其他电加热器。

9. 在架空输电线路附近工作时，应停止输电，不能停电时，应有隔离措施，要保持安全距离，防止触碰。

10. 电线必须架空，不得在地面、施工楼面随意乱拖，若必须通过地面、楼面时应有过路保护，物料、车、人不准压踏碾磨电线。

管理经验

外用工、临时工电气安全管理措施

1. 对于临时和新参加工作人员，必须加强安全技术培训，必须在证明其具备必要的安全技能并在有工作经验的人员带领下方可作业。禁止在没有监护的情况下指派临时或新参加工作人员单独从事危险性工作。外用工、临时工不得擅自进入变电站内，必须在工作负责人带领下进入变电站，进

入变电站后，施工人员不得随意走动，必须在指定地点待命。

2. 每日开工前，工作负责人必须向所有的外用工、临时工详细交代当天的工作任务、施工范围、带电部位和其他安全注意事项，应履行签字确认手续。

3. 外用工、临时工在转移工作地点时，必须在工作负责人或专职监护人带领下，进入新的工作地点。工作间断时，外用工、临时工要集体退出工作地点，不准一人留在高压室或高压设备区。间断再开工，工作负责人必须重新检查安全措施，重新把外用工、临时工送到工作地点。

4. 施工中，外用工、临时工不得随意在检修电源箱内接低压电源，必须通过工作负责人、监护人或值班员的许可，在监护人监护下接低压电源。

案例精选

长蛇爬上杆塔致使保护动作跳闸事故

1992 年 5 月 23 日 22 时 52 分，某供电局送电处所管辖的 110 kV 甲乙线路，其甲乙和乙甲零序保护动作，断路器跳闸。经事故后查线发现，在该线路第 53 号耐张塔上有一鸟窝，在塔下地面有一条长约 1.5 m 的长蛇，被电弧烧死。同时发现在铁塔的 A 相引流线和横担上有放电痕迹。

事故分析

长蛇爬杆塔捕捉小鸟的过程中，在跨越横担与 A 相引流线时，引起横担与 A 相引流线短路接地，是造成该线路断路器跳闸事故的直接原因。而线路运行维护人员平时对该线路巡视检查不够，对杆塔上的鸟窝未能及时拆除，则是发生事故的主要原因。

法规标准

《电业安全工作规程》（电力线路部分）第 10 条规定："巡线工作应由有电力线路工作经验的人员担任。单独巡线人员应考试合格并经工区（公司、所）分管生产领导批准。电缆隧道、偏僻山区和夜间巡线应由两人进行。汛期、暑天、雪天等恶劣天气巡线，必要时由两人进行。"

第 12 条规定："巡线人员发现导线、电缆断落地面或悬挂空中，应设法防止行人靠近断线地点 8 m 以内，以免跨步电压伤人，并迅速报告调度和上级，等候处理。"

知识与技能

巡线过程注意事项

1. 在巡视线路时，无人监护一律不准登杆巡视。

2. 在巡视过程中，应始终认为线路是带电运行的，即使知道该线已停电，巡线员也应认为线路随时有送电的可能。

3. 夜间巡视时应有照明工具，巡线员应在线路两侧行走，以防止触及断落的导线。

4. 巡线中遇有大风时，巡线员应在上风侧沿线行走，不得在线路的下风侧行走，以防断线倒杆危及巡线员的安全。

5. 发现危急缺陷应向本单位及时报告，以便迅速处理。

6. 巡线时遇有雷电或远方雷声时，应远离线路或停止巡视，以保证巡线员的人身安全。

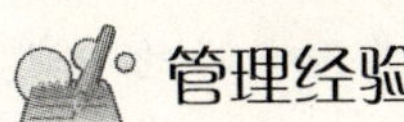

管理经验

检修安全管理制度

1. 检修组织：较大项目检修，全公司或车间大修必须成立大修指挥部，需有安全部门参加。

2. 检修准备：各车间（部门）的大、中修，对有关检修项目安全措施，必须严格执行，不能马虎。临时指挥部负责人在检修前，要组织检修人员做好检修机具准备，做到机具齐全、安全可靠，对起重吊装工具等设备进行检查试验，确保整个检修过程的安全。

3. 检修安全规定：检修人员对检修项目要进行检查、核对，由岗位和班组长介绍情况，全部符合要求，才可进行施工。检修人员在检修中，必须严格遵守检修规程和各种安全技术规程（高处作业、土方工程、吊装作业等）。

4. 拆除工作：拆除工作应制订拆除方案，施工前要向作业人员进行交底教育，施工中实行统一指挥、监督。

5. 检修完工安全验收：检修结束后，检修单位要清理好场地，对搭设的作业架台、接设的电源全部拆除，方可办理移交验收手续。检修验收结束，对检修计划和检修工作票等，应由承办单位保存，其保存期限不应少于 3 个月。

案例精选

电力设施用地内调试车厢导致触电死亡事故

2006年2月23日12时35分，停放在某停车场的一部东风乘龙自卸载重车在调试车厢升降过程中，触碰到一条35 kV线路，车厢因碰触导线弧光不断，四只轮胎伴随着火花不停地冒出黑烟。坐在驾驶室上的正、副驾驶员发现车厢碰触导线后，慌忙分别从两侧车门跳出，正驾驶员见到车辆四只车轮不断冒出火花，又返回驾驶室操作开关欲使车厢复位，但左手刚碰车门拉手就触电扑倒在地，倒下后他挣扎爬出两步就动不了了。副驾驶员想去救他，由于电还没有断，被路人阻止。待线路停电后这名正驾驶员被送往县人民医院抢救，到医院时经医生诊断已死亡。

事故分析

据调查，该35 kV线路于1974年就投入运行，而该停车场在2004年初才办取“两证”。停车场在输电线路保护区内占用土地，已构成侵占电力设施用地行为。而且停车场征地后，未与供电部门协商，筑高宅基2.42 m造成导线对地垂直距离变为4.88 m，是诱发事故的主要因素。

此次事故中，触电死亡者安全意识薄弱，自我保护意识差。在调试自卸车厢时不注意线路高度，造成车厢碰触带电导线。在逃离危险区后，又返回驾驶室操作开关，导致本人触电死亡。此外，也暴露出线路管理单位执行巡视制度不力，措施不到位，未能及时发现隐患和通知业主。

法规标准

《电力法》中架设架空线路的相关规定

《中华人民共和国电力法》第二章第 11 条规定：“任何单位和个人不得非法占用变电设施用地、输电线路走廊和电缆通道。”

第七章第 55 条规定：“电力设施与新建、改建或者扩建中相互妨碍时，有关单位应当按照国家有关规定协商，达成协议后方可施工。”

《电力设施保护条例实施细则》第 12 条规定：“任何单位或个人不得在距架空电力线路杆塔、拉线基础外缘的下列范围内进行取土、打桩、钻探、开挖或倾倒酸、碱、盐及其他有害化学物品的活动：

（一）35 kV 及以下电力线路杆塔、拉线周围 5 m 的区域；

（二）66 kV 及以上电力线路杆塔、拉线周围 10 m 的区域。

在杆塔、拉线基础的上述距离范围外进行取土、堆物、打桩、钻探、开挖活动时、必须遵守下列要求：

（一）预留出通往杆塔、拉线基础供巡视和检修人员、车辆通行的道路；

（二）不得影响基础的稳定，如可能引起基础周围土壤、砂石滑坡，进行上述活动的单位或个人应当负责修筑护坡加固；

（三）不得损坏电力设施接地装置或改变其埋设深度。”

第 14 条规定："超过 4 m 高度的车辆或机械通过架空电力线路时，必须采取安全措施，并经县级以上的电力管理部门批准。"

 知识与技能

外电线路防护技术

1. 在建工程不得在外电架空线路正下方施工、搭设作业棚、建造生活设施或堆放构件、架具、材料及其他杂物等。

2. 在建工程（含脚手架）的周边与外电架空线路的边线之间的最小安全操作距离应符合规定。

3. 施工现场的机动车道与外电架空线路交叉时，架空线路的最低点与路面的最小垂直距离应符合规定。

4. 起重机严禁越过无防护设施的外电架空线路作业。在外电架空线路附近吊装时，起重机的任何部位或被吊物边缘在最大偏斜时与架空线路边线的最小安全距离应符合规定。

5. 施工现场开挖沟槽边缘与外电埋地电缆沟槽边缘之间的距离不得小于 0.5 m。

6. 架设防护设施时，必须经有关部门批准，采用线路暂时停电或其他可靠的安全技术措施，并应有电气工程技术人员和专职安全人员监护。

7. 在外电架空线路附近开挖沟槽时，必须会同有关部门采取加固措施，防止外电架空线路电杆倾斜、悬倒。

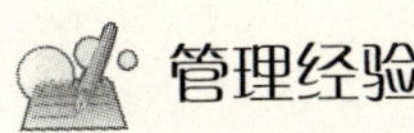
管理经验

架空线路巡视检查

架空线路巡视检查主要包括以下内容：

1. 沿线路的地面是否堆放有易燃、易爆或强烈腐蚀性物质；沿线路附近有无危险建筑物，有无在雷雨或大风天气可能对线路造成危害的建筑物及其他设施：线路上有无树枝、风筝、鸟巢等杂物，如有应设法清除。

2. 电杆有无倾斜、变形、腐朽、损坏及基础下沉等现象；横担和金具是否移位、固定是否牢固、焊缝是否开裂、是否缺少螺母等。

3. 导线和避雷线有无断股、背花、腐蚀外力破坏造成的伤痕；导线接头是否良好、有无过热、严重氧化、腐蚀痕迹；导线对地、邻近建筑物或邻近树木的距离是否符合要求。

4. 绝缘子有无破裂、脏污、烧伤及闪络痕迹；绝缘子串偏斜程度、绝缘子铁件损坏情况如何。

5. 拉线是否完好、是否松弛、绑扎线是否紧固、螺钉是否锈蚀等。

6. 保护间隙（放电间隙）的大小是否合格；避雷器瓷套有无破裂、脏污、烧伤及闪络痕迹，密封是否良好，固定有无松动；避雷器上引线有无断股、连接是否良好；避雷器引下线是否完好、固定有无变化、接地体是否外露、连接是否良好。

案例精选

建筑施工过程中触电死亡事故

12 月 24 日 10 时许，某建筑工地内，一名在近 10 m 高空搭施工脚手架的民工不慎被 10 kV 的高压线当场击死，右脚被巨大的电流烧掉。

据建筑工地一师傅说，当时他们是在工地西侧的电线杆周围搭脚手架，目的是为了防止正在工地内的高压吊机碰到电线杆造成事故，当这名出事民工在爬至近 10 m 处正准备用铁条捆绑脚手架时，身后捆着的铁丝碰到了身后的高达 10 kV 的高压线，该民工当场被击死，全身被巨大的电流烧焦，右脚也被烧掉。

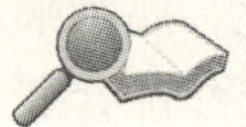

事故分析

该建筑工地在施工现场出现高达 10 kV 的高压线，违反了《电气安全管理规程》的相关规定。该农民工在施工过程中，身上捆绑的铁丝误触碰 10 kV 的高压电，导致触电死亡。

法规标准

《电气安全管理规程》
对建筑、安装工程用电的相关规定

《电气安全管理规程》第 21 条规定："施工单位在编制施工计划时，应将施工现场用电的技术数据和要求详细说明

并绘出图纸，经动力、安技部门审核同意后方可安装。一个施工单位或场地只允许使用一个进线电源。安装完毕应共同检查，合格后才能送电。在施工过程中，施工单位指派专人负责电气安全工作。”

第 22 条规定：“施工现场严禁架设 1 kV 以上的高压线路。

在邻近有爆炸和火灾危险场所施工时，电气设备和线路的选型、安装应按 GBJ 58—83《爆炸和火灾危险场所电力装置设计规范》和 GBJ 232—82《电气装置安装工程施工与验收规范》执行。”

知识与技能

工地高压电击事故的预防

高压电与低压电的分界为 1 000 V，其上叫高压电，其下叫低压电。低压电安全问题讨论的较多，不外乎采用三相五线制，强调电器外壳接专用保护零线；安装漏电保护器，在火线经人体与大地间形成的漏电流足够小（50 mA 以下），在足够短的瞬间（0.1 s 内）切断电源，以防人被电击伤害；加强绝缘，电器电动工具外壳以绝缘塑料或橡胶制作，如手持电动工具（由于加强绝缘，该类电器电动工具不用接保护零线）；采用安全低电压，把 380 V（两火线间）或 220 V 电压经变压器转换成 36 V。

高压电起档就是 10 kV，即工地用电变压器的进线端电压；而变电所进线电压则有 35 kV、110 kV、220 kV 或更高。高压电不能直接使用，所以高压触电都是高压输电线路引起的。高压触电由于电压很高，伤害很大，一般会使触电者死亡，因此通过有高压线的地方要特别小心。工地搭设或拆除脚手架时，长钢管传递要特别小心，防止触及高压线；除了脚手架钢管外，还有建筑钢筋、水管电线管、结构用管材、槽钢、角钢和铝合金材料、铝合金长尺工具等，都要与高压线保持足够的安全距离。也有塔吊钢丝绳及打桩机钢丝绳触及高压线的，对此必须严加注意。

管理经验

电力安全生产要做到“三个坚决”

要想让安全永远第一，电力生产企业必须做到“三个坚决”，即：一切危害安全生产的隐患必须坚决消除；一切不利于安全生产的体制必须坚决改变；一切影响安全生产的枷锁必须冲破。电力生产企业的所有运转应该围绕确保安全生产开展工作。只有确立了这样的理念，才能真正体现“安全第一”的思想，才能步入安全生产的良性轨道，才能实现和确保安全生产。

加强施工单位的电力安全整改

施工企业要高度重视用电安全生产管理，切实做到严防死守。要善于自查自纠，对发现的隐患和问题要强行整改：

1. 各施工企业要切实加强对职工的用电安全生产教育和安全用电知识培训，增强职工防触电及自我安全防范保护意识及能力，特别要严格执行电气作业人员持证上岗制度。

2. 要严格执行“三级配电二级保护”用电安全规范，

总配电箱、分配电箱、开关箱配置齐全，隔离开关和分路隔离开关，熔断器和分路熔断器，自动开关和分路自动开关，电压、电流表、电度表等应配置齐备。动力配电与照明配电也应分别设置。总配电箱、分配电箱必须设置漏电保护装置，而且，在特别潮湿、容易被碾压、易进水的地方进行工作和操作诸如手电钻、手动砂轮机等手提式电动工具均必须加装动作（分断）电流分别不大于 6 mA、30 mA 的末级漏电保护器，并且，总配电箱、分配电箱、末级漏电三级保护器在整定动作电流时应调有 15 mA 及以上的动作电流级差，动作（分断）时间应有 0.05 s 的动作时间级差。

3. 必须严格按照建设部《施工现场临时用电安全技术规范》（JGJ 46—88）明确规定：每台用电设备应有各自专用的配电箱，必须实行一机、一箱、一漏电保护、一闸的“四个一”规定，严禁用同一开关箱控制两台及以上用电设备（含插座），并做好开关箱、配电箱的防雨防潮以及保护接地等措施。

4. 对施工现场的电气设备和绝缘工器具，应定期送有资质的电气试验部门进行直流电阻、接地电阻、绝缘电阻、耐压、泄漏等相关电气预防性检测。

5. 要教育和引导工地电工学习和掌握《电业安全工作规程》《低压安全工作规程》。不要随意进行带电作业，必须带电操作时要采取绝缘防护措施并安排操作监护人。

6. 严格加强施工用电现场管理，使用的电线不能随意拖拉，线路尽量采取架空线路，不能架空也要采取保护措施。注意不要让电线浸泡在水中或被物体碾压，电线老化、表皮破损、用电器具和零件缺损等要及时更换和维护、维修。严禁使用拖线圆盘、多用插座等无防雨措施的器具。

7. 要特别注意施工现场与邻近架空和敷设电力线路的安全距离，避免钢筋、水管、工器具等金属物件触碰高低压电线。由此类问题出现的触电伤亡事故屡见不鲜，因此要特别注意加以防范和监控。

8. 加强日常巡视检查。对漏电保护器是否有效动作、熔体额定值和断路器整定值是否正确、接地引线和用电设备的 PE 线是否连接良好可靠等要形成定期不定期检查维护管理制度和责任追究制度，有效加强检查监督。

案例精选

外包工误登刀闸触电死亡事故

1992 年 8 月 7 日某单位承包某电业局 35 kV 西郊变电站设备刷漆工作。西郊变电站 35 kV 旁路开关停电，工作任务为 253 旁路开关、电流互感器、253 刀闸（旁路刀闸）刷漆。5 时 40 分，工作负责人李某与工作许可人谢某某在未完成工作票要求的安全措施情况下，办理了工作许可手续。李某向已到现场的油漆工（共 5 人）交代了安全注意事项和带电的部位。在交代安全事项时，高某某（死者，不在工作票工作班成员之间）因迟到未到现场。李某交代完工作后，不认真履行其监护职责，擅自脱离岗位，带领两名油漆工到 35 kV 南阳湖线 257—4 刀闸和南效线 258—4 刀闸处，违章、无票指挥刷该两组刀闸的相色漆和支架灰漆（257—4 和 258—4 刀闸一侧带电）。高某某到现场后，李某违反工作

票制度，允许不是工作班成员的高某某进入生产现场，且没有单独向高某某交代注意事项和带电部位，就安排他刷253—4刀闸，并告诉高某某该刀闸可以在上面先刷相色漆，再刷下面的灰漆。6时17分，高某某在刷完253—4刀闸相色漆后，在李某不在现场监护的情况下，未按李某布置刷灰漆，而误登253—1刀闸（253—1刀闸母线侧带电）造成触电，当即死亡。

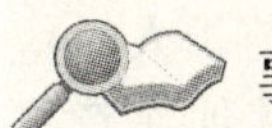

事故分析

工作负责人李某，违反工作票制度、工作许可制度和工作监护制度。（1）未向高某某交代安全注意事项和带电部位；（2）在未完成工作票的安全措施（在带电设备与停电设备间装设遮栏）的情况下办理工作许可手续；（3）未履行监护人职责：对工作人员进行不间断监护；擅自扩大工作范围且在安全距离不够的情况下冒险指挥作业；工作许可人谢某某和值班员高某某违反工作许可制度，未按工作票要求的安全措施在带电设备与停电设备间装设遮栏便办理工作许可手续，也没有在工作票上填写带电部位；阜桥油漆厂油漆工高某某（死者），未按工作负责人的布置进行工作，擅自转移工作地点，超越线地以外工作，应负这次事故的直接责任。

法规标准

《电力监管条例》对电力监管人员的相关规定

《电力监管条例》第8条规定："电力监管机构从事监管工作的人员，应当忠于职守，依法办事，公正廉洁，不得利用职务便利谋取不正当利益，不得在电力企业、电力调度交易机构兼任职务。”

第10条规定：“电力监管机构及其从事监管工作的人员依法履行电力监管职责，有关单位和人员应当予以配合和协助。”

电力工作监管制度的相关规定

《电业安全工作规程》（发电厂变电所电气部分）第54条规定：“完成工作许可手续后，工作负责人（监护人）应向工作班人员交代现场安全措施、带电部位和其他注意事项。工作负责人（监护人）必须始终在工作现场，对工作班人员的安全应认真监护，及时纠正不安全的动作。分组工作时，每个小组应指定小组负责人（监护人）。在线路停电时进行工作，工作负责人（监护人）在班组成员确无触电危险的条件下，可以参加工作班工作。”

《电业安全工作规程》（电力线路部分）第46条规定：“工作票签发人和工作负责人，对有触电危险、施工复杂容易发生事故的工作，应增设专人监护。专责监护人不得兼任其他工作。”

《电业安全工作规程》（电力线路部分）第47条规定：“如工作负责人必须离开工作现场时，应临时指定负责人，并设法通知全体工作人员及工作许可人。”

知识与技能

防止GIS刀闸误动的措施

1. 加强对GIS（全封闭组合电器）刀闸二次回路的维

护，对损坏的或动作不可靠的元件应及时更换。

2. 加强对 GIS 刀闸闭锁逻辑的检查验收。

3. 将 GIS 间隔多组刀闸合用的操作电源空气开关改接为每一组刀闸（包括地刀）的操作电源空气开关，实行“一对一”的控制接线，防止因操作某一组刀闸而将本间隔全部刀闸的动力电源空气开关都合上。

4. 运行中各组刀闸（地刀）的动力电源空气开关应拉开。

5. 倒闸操作时，合上某一组刀闸的操作电源空气开关，待操作完成，即拉开其操作电源空气开关，防止在操作其他刀闸时此刀闸误动。

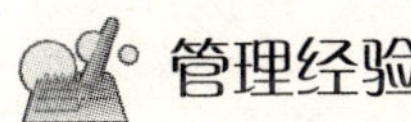

管理经验

防止外包工触电措施

油漆工、土建工等非电气人员进入生产现场必须经过安全教育培训。在线路杆塔和变电站、升压站构架上进行不停电工作时，必须填用第二种工作票，且工作范围严禁小于设备不停电时的安全距离，其具体要求应详细填入工作票内。发电厂、变电站、线路工区应指派具有监护资格的人员在现场进行监护，并明确工作票由监护人收执。工作前，监护人应向工作班全体人员详细交代现场安全措施、带电部位和其他安全注意事项。

严禁在带电的 10～35 kV 线路杆塔横担上和一侧停电、一侧带电的隔离刀闸上进行油漆、防腐等工作，以防在工作过程中不能确定安全距离而触电。